수학 좀 한다면

디딤돌 연산은 수학이다 4B

펴낸날 [초판 1쇄] 2024년 1월 26일 [초판 2쇄] 2024년 7월 15일
펴낸이 이기열
펴낸곳 (주)디딤돌 교육
주소 (03972) 서울특별시 마포구 월드컵북로 122 청원선와이즈타워
대표전화 02-3142-9000
구입문의 02-322-8451
내용문의 02-323-9166
팩시밀리 02-338-3231
홈페이지 www.didimdol.co.kr
등록번호 제10-718호

디딤돌
연산은
수학이다.

디딤돌

수학적 의미에 따른 연산의 분류

같아 보이지만 완전히 다릅니다!

1. 입체적 학습의 흐름

연산은 수학적 개념을 바탕으로 합니다.
따라서 단순 계산 문제를 반복하는 것이 아니라 원리를 이해하고, 계산 방법을 익히고,
수학적 법칙을 경험해 볼 수 있는 문제를 다양하게 접할 수 있어야 합니다.
연산을 다양한 각도에서 생각해 볼 수 있는 문제들로 계산력을 뛰어넘는 수학 실력을 길러 주세요.

연산

덧셈의 원리 ▶ 계산 방법 이해
01 단계에 따라 계산하기

본 학습에 들어가기 전에 필요한 도움닫기 문제입니다.
이전에 배운 내용과 연계하거나 단계를 주어 계산 원리를
쉽게 이해할 수 있도록 하였습니다.

덧셈의 원리 ▶ 계산 방법과 자릿값의 이해
02 세로셈

덧셈의 원리 ▶ 계산 방법과 자릿값의 이해
03 가로셈

가장 기본적인 계산 문제입니다.
본 학습의 계산 원리를 익힐 수 있도록
충분히 연습합니다.

기초 연산력의 학습 범위

덧셈의 원리 ▶ 계산 원리 이해
04 여러 가지 수 더하기

덧셈의 원리 ▶ 계산 원리 이해
05 계산하지 않고 크기 비교하기

연산의 원리, 성질들을 느끼고 활용해 보는 문제입니다.
하나의 연산 원리를 다양한 관점에서 생각해 보고
수학의 개념과 법칙을 이해합니다.

덧셈의 활용 ▶ 상황에 맞는 덧셈
06 길이의 합 구하기

덧셈의 감각 ▶ 덧셈의 다양성
08 덧셈식 완성하기

연산의 원리를 바탕으로 수를 다양하게 조작해 보고
추론하여 해결하는 문제입니다. 앞서 학습한 연산의 원리,
성질들을 이용하여 사고력과 수 감각을 기릅니다.

덧셈의 감각 ▶ 수의 조작
09 같은 수를 넣어 식 완성하기

수학

2. 입체적 학습의 구성

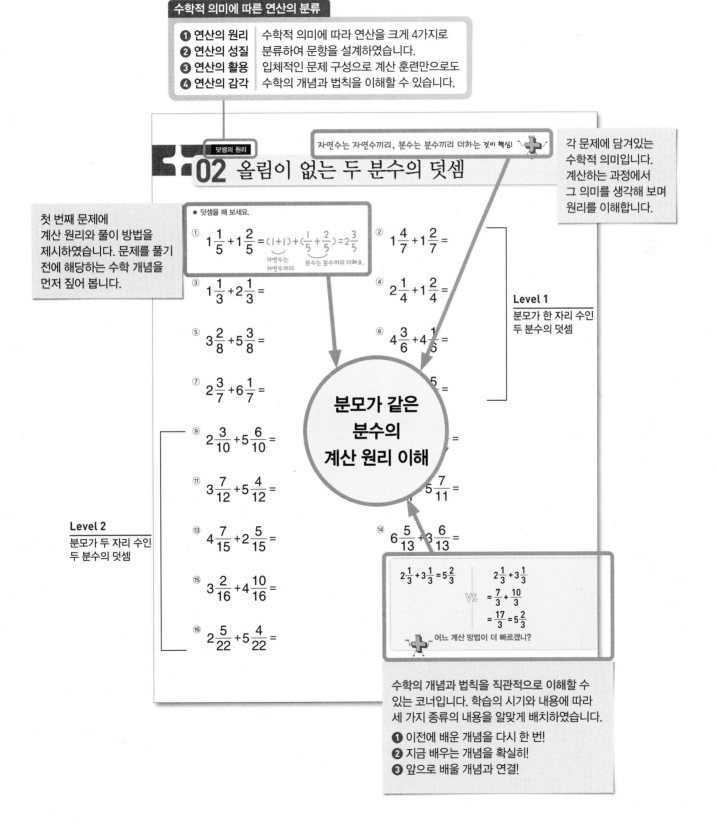

수학적 의미에 따른 연산의 분류

❶ 연산의 원리
❷ 연산의 성질
❸ 연산의 활용
❹ 연산의 감각

수학적 의미에 따라 연산을 크게 4가지로 분류하여 문항을 설계하였습니다. 입체적인 문제 구성으로 계산 훈련만으로도 수학의 개념과 법칙을 이해할 수 있습니다.

덧셈의 원리

자연수는 자연수끼리, 분수는 분수끼리 더하는 것이 핵심!

02 올림이 없는 두 분수의 덧셈

각 문제에 담겨있는 수학적 의미입니다. 계산하는 과정에서 그 의미를 생각해 보며 원리를 이해합니다.

첫 번째 문제에 계산 원리와 풀이 방법을 제시하였습니다. 문제를 풀기 전에 해당하는 수학 개념을 먼저 짚어 봅니다.

● 덧셈을 해 보세요.

① $1\frac{1}{5} + 1\frac{2}{5} = (1+1) + (\frac{1}{5} + \frac{2}{5}) = 2\frac{3}{5}$

자연수는 자연수끼리

분수는 분수끼리 더해요.

② $1\frac{4}{7} + 1\frac{2}{7} =$

③ $1\frac{1}{3} + 2\frac{1}{3} =$

④ $2\frac{1}{4} + 1\frac{2}{4} =$

⑤ $3\frac{2}{8} + 5\frac{3}{8} =$

⑥ $4\frac{3}{6} + 4\frac{1}{6} =$

⑦ $2\frac{3}{7} + 6\frac{1}{7} =$

Level 1
분모가 한 자리 수인 두 분수의 덧셈

⑨ $2\frac{3}{10} + 5\frac{6}{10} =$

⑪ $3\frac{7}{12} + 5\frac{4}{12} =$

$5\frac{7}{11} =$

분모가 같은 분수의 계산 원리 이해

⑬ $4\frac{7}{15} + 2\frac{5}{15} =$

⑭ $6\frac{5}{13} + 3\frac{6}{13} =$

Level 2
분모가 두 자리 수인 두 분수의 덧셈

⑮ $3\frac{2}{16} + 4\frac{10}{16} =$

⑯ $2\frac{5}{22} + 5\frac{4}{22} =$

$2\frac{1}{3} + 3\frac{1}{3} = 5\frac{2}{3}$ 　VS　 $2\frac{1}{3} + 3\frac{1}{3}$
$= \frac{7}{3} + \frac{10}{3}$
$= \frac{17}{3} = 5\frac{2}{3}$

어느 계산 방법이 더 빠르겠니?

수학의 개념과 법칙을 직관적으로 이해할 수 있는 코너입니다. 학습의 시기와 내용에 따라 세 가지 종류의 내용을 알맞게 배치하였습니다.

❶ 이전에 배운 개념을 다시 한 번!
❷ 지금 배우는 개념을 확실히!
❸ 앞으로 배울 개념과 연결!

+1 분모가 같은 진분수의 덧셈

분모는 그대로 두고 분자끼리 더해.

$$\frac{1}{4} + \frac{2}{4} = \frac{1+2}{4} = \frac{3}{4}$$

$\frac{1}{4}$이 1개 $\frac{1}{4}$이 2개 $\frac{1}{4}$이 3개

계산 결과가 가분수이면 대분수로 나타내.

$$\frac{2}{5} + \frac{4}{5} = \frac{2+4}{5} = \frac{6}{5} = 1\frac{1}{5}$$

$\frac{1}{5}$이 2개 $\frac{1}{5}$이 4개 $\frac{1}{5}$이 6개

수직선에서 오른쪽 방향으로 움직이는 것은 더한다는 뜻이야.

01 수직선을 보고 덧셈하기

● 수직선의 빈칸에 수를 쓰고 덧셈을 해 보세요.

①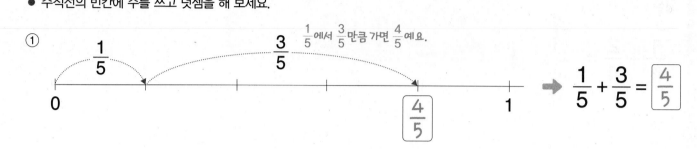

$\dfrac{1}{5}$에서 $\dfrac{3}{5}$만큼 가면 $\dfrac{4}{5}$예요.

➡ $\dfrac{1}{5} + \dfrac{3}{5} = \boxed{\dfrac{4}{5}}$

②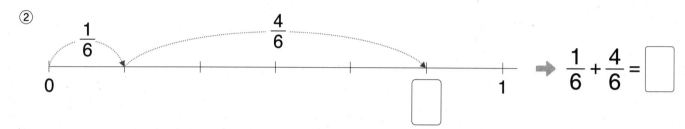

➡ $\dfrac{1}{6} + \dfrac{4}{6} = \boxed{}$

③

➡ $\dfrac{1}{8} + \dfrac{5}{8} = \boxed{}$

④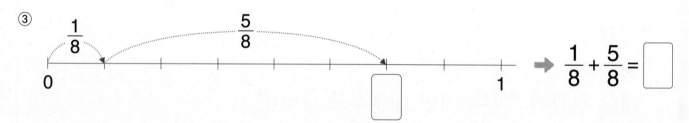

➡ $\dfrac{2}{9} + \dfrac{5}{9} = \boxed{}$

⑤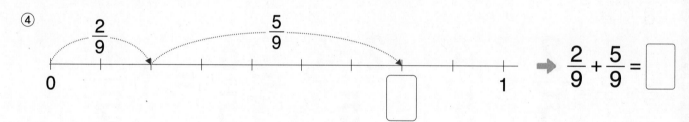

➡ $\dfrac{3}{9} + \dfrac{5}{9} = \boxed{}$

⑥

➡ $\dfrac{3}{11} + \dfrac{6}{11} = \boxed{}$

분모는 그대로 두고 분자끼리 더하는 것이 핵심!

02 합이 1보다 작은 두 분수의 덧셈

● 덧셈을 해 보세요.

② 분자끼리 더해요.

① $\dfrac{1}{4} + \dfrac{2}{4} = \dfrac{1+2}{4} = \dfrac{3}{4}$

① 분모는 그대로 4라고 써요.

② $\dfrac{3}{5} + \dfrac{1}{5} =$

③ $\dfrac{3}{7} + \dfrac{2}{7} =$

④ $\dfrac{2}{8} + \dfrac{5}{8} =$

⑤ $\dfrac{4}{9} + \dfrac{2}{9} =$

⑥ $\dfrac{2}{11} + \dfrac{6}{11} =$

⑦ $\dfrac{4}{7} + \dfrac{1}{7} =$

⑧ $\dfrac{2}{6} + \dfrac{3}{6} =$

⑨ $\dfrac{1}{8} + \dfrac{3}{8} =$

⑩ $\dfrac{5}{9} + \dfrac{2}{9} =$

⑪ $\dfrac{3}{7} + \dfrac{3}{7} =$

⑫ $\dfrac{3}{10} + \dfrac{6}{10} =$

⑬ $\dfrac{2}{9} + \dfrac{3}{9} =$

⑭ $\dfrac{1}{14} + \dfrac{5}{14} =$

⑮ $\dfrac{7}{11} + \dfrac{2}{11} =$

⑯ $\dfrac{3}{13} + \dfrac{7}{13} =$

⑰ $\dfrac{5}{18} + \dfrac{4}{18} =$

⑱ $\dfrac{4}{17} + \dfrac{11}{17} =$

⑲ $\dfrac{2}{20} + \dfrac{9}{20} =$

⑳ $\dfrac{2}{18} + \dfrac{15}{18} =$

㉑ $\dfrac{4}{19} + \dfrac{6}{19} =$

㉒ $\dfrac{8}{22} + \dfrac{5}{22} =$

㉓ $\dfrac{3}{17} + \dfrac{12}{17} =$

㉔ $\dfrac{6}{13} + \dfrac{6}{13} =$

㉕ $\dfrac{4}{16} + \dfrac{5}{16} =$

㉖ $\dfrac{2}{21} + \dfrac{11}{21} =$

㉗ $\dfrac{6}{23} + \dfrac{10}{23} =$

㉘ $\dfrac{3}{12} + \dfrac{7}{12} =$

㉙ $\dfrac{2}{25} + \dfrac{12}{25} =$

㉚ $\dfrac{6}{24} + \dfrac{8}{24} =$

㉛ $\dfrac{8}{18} + \dfrac{8}{18} =$

㉜ $\dfrac{9}{26} + \dfrac{15}{26} =$

㉝ $\dfrac{12}{30} + \dfrac{8}{30} =$

㉞ $\dfrac{4}{22} + \dfrac{17}{22} =$

㉟ $\dfrac{13}{20} + \dfrac{3}{20} =$

㊱ $\dfrac{18}{29} + \dfrac{8}{29} =$

㊲ $\frac{15}{27}+\frac{7}{27}=$

㊳ $\frac{4}{28}+\frac{18}{28}=$

㊴ $\frac{12}{19}+\frac{6}{19}=$

㊵ $\frac{9}{25}+\frac{12}{25}=$

㊶ $\frac{16}{30}+\frac{7}{30}=$

㊷ $\frac{5}{22}+\frac{13}{22}=$

㊸ $\frac{14}{29}+\frac{9}{29}=$

㊹ $\frac{17}{31}+\frac{7}{31}=$

㊺ $\frac{8}{36}+\frac{15}{36}=$

㊻ $\frac{14}{37}+\frac{19}{37}=$

㊼ $\frac{12}{44}+\frac{12}{44}=$

㊽ $\frac{13}{38}+\frac{17}{38}=$

㊾ $\frac{11}{35}+\frac{21}{35}=$

㊿ $\frac{19}{55}+\frac{15}{55}=$

(51) $\frac{14}{43}+\frac{18}{43}=$

(52) $\frac{13}{51}+\frac{22}{51}=$

자식을 여럿 낳아도 엄마는 그대로야.

$\frac{1}{5}+\frac{2}{5}=\frac{3}{5}$

계산 결과가 가분수이면 1과 같거나 1보다 크다는 뜻이겠지?

03 합이 1보다 큰 두 분수의 덧셈

● 덧셈을 하고 계산 결과가 가분수이면 대분수로 나타내 보세요.

① $\dfrac{2}{4} + \dfrac{3}{4} = \dfrac{5}{4} = 1\dfrac{1}{4}$

❷ 분자끼리 더해요.
❸ 대분수로 나타내요.
❶ 분모는 그대로 4라고 써요.

② $\dfrac{3}{5} + \dfrac{4}{5} =$

③ $\dfrac{5}{6} + \dfrac{2}{6} =$

④ $\dfrac{2}{3} + \dfrac{2}{3} =$

⑤ $\dfrac{3}{7} + \dfrac{6}{7} =$

⑥ $\dfrac{4}{8} + \dfrac{5}{8} =$

⑦ $\dfrac{7}{9} + \dfrac{3}{9} =$

⑧ $\dfrac{6}{7} + \dfrac{6}{7} =$

⑨ $\dfrac{5}{8} + \dfrac{7}{8} =$

⑩ $\dfrac{8}{9} + \dfrac{5}{9} =$

⑪ $\dfrac{3}{6} + \dfrac{5}{6} =$

⑫ $\dfrac{6}{7} + \dfrac{4}{7} =$

⑬ $\dfrac{5}{8} + \dfrac{6}{8} =$

⑭ $\dfrac{7}{9} + \dfrac{8}{9} =$

⑮ $\dfrac{3}{10} + \dfrac{8}{10} =$

⑯ $\dfrac{9}{11} + \dfrac{5}{11} =$

⑰ $\dfrac{8}{14} + \dfrac{9}{14} =$

⑱ $\dfrac{8}{15} + \dfrac{8}{15} =$

⑲ $\dfrac{8}{16} + \dfrac{9}{16} =$

⑳ $\dfrac{7}{13} + \dfrac{7}{13} =$

㉑ $\dfrac{9}{15} + \dfrac{8}{15} =$

㉒ $\dfrac{9}{16} + \dfrac{9}{16} =$

㉓ $\dfrac{8}{13} + \dfrac{12}{13} =$

㉔ $\dfrac{8}{20} + \dfrac{17}{20} =$

㉕ $\dfrac{15}{19} + \dfrac{7}{19} =$

㉖ $\dfrac{6}{18} + \dfrac{16}{18} =$

㉗ $\dfrac{8}{17} + \dfrac{13}{17} =$

㉘ $\dfrac{6}{21} + \dfrac{18}{21} =$

㉙ $\dfrac{5}{22} + \dfrac{19}{22} =$

㉚ $\dfrac{14}{15} + \dfrac{8}{15} =$

㉛ $\dfrac{17}{18} + \dfrac{6}{18} =$

㉜ $\dfrac{8}{29} + \dfrac{27}{29} =$

㉝ $\dfrac{26}{28} + \dfrac{6}{28} =$

㉞ $\dfrac{13}{27} + \dfrac{25}{27} =$

㉟ $\dfrac{25}{33} + \dfrac{19}{33} =$

㊱ $\dfrac{16}{35} + \dfrac{26}{35} =$

분모가 같으면 분자끼리만 더하면 돼.

04 셋 이상의 분수의 덧셈

● 덧셈을 하고 계산 결과가 가분수이면 대분수로 나타내 보세요.

분자끼리 더하면 돼요.

① $\dfrac{1}{4} + \dfrac{1}{4} + \dfrac{1}{4} = \dfrac{1+1+1}{4} = \dfrac{3}{4}$

② $\dfrac{2}{5} + \dfrac{2}{5} + \dfrac{2}{5} =$

③ $\dfrac{2}{4} + \dfrac{2}{4} + \dfrac{2}{4} =$

④ $\dfrac{3}{5} + \dfrac{3}{5} + \dfrac{3}{5} =$

⑤ $\dfrac{3}{7} + \dfrac{3}{7} + \dfrac{3}{7} =$

⑥ $\dfrac{3}{8} + \dfrac{3}{8} + \dfrac{3}{8} =$

⑦ $\dfrac{4}{9} + \dfrac{4}{9} + \dfrac{4}{9} =$

⑧ $\dfrac{4}{10} + \dfrac{4}{10} + \dfrac{4}{10} =$

⑨ $\dfrac{1}{5} + \dfrac{2}{5} + \dfrac{3}{5} =$

⑩ $\dfrac{1}{8} + \dfrac{3}{8} + \dfrac{5}{8} =$

⑪ $\dfrac{2}{7} + \dfrac{4}{7} + \dfrac{6}{7} =$

분자만 더하면 많은 분수도 한꺼번에 더할 수 있다.

$$\dfrac{1}{7} + \dfrac{2}{7} + \dfrac{3}{7} + \cdots + \dfrac{10}{7}$$

$$= \dfrac{1+2+3+\cdots+10}{7}$$

분모가 같아서 그런 거야.

⑫ $\dfrac{3}{10} + \dfrac{5}{10} + \dfrac{7}{10} =$

⑬ $\dfrac{2}{9} + \dfrac{2}{9} + \dfrac{2}{9} + \dfrac{2}{9} =$

⑭ $\dfrac{3}{5} + \dfrac{3}{5} + \dfrac{3}{5} + \dfrac{3}{5} =$

⑮ $\dfrac{1}{6} + \dfrac{2}{6} + \dfrac{3}{6} + \dfrac{4}{6} =$

⑯ $\dfrac{1}{7} + \dfrac{2}{7} + \dfrac{3}{7} + \dfrac{4}{7} =$

⑰ $\dfrac{1}{8} + \dfrac{2}{8} + \dfrac{3}{8} + \dfrac{4}{8} =$

⑱ $\dfrac{2}{9} + \dfrac{3}{9} + \dfrac{4}{9} + \dfrac{5}{9} =$

⑲ $\dfrac{3}{8} + \dfrac{4}{8} + \dfrac{5}{8} + \dfrac{6}{8} =$

⑳ $\dfrac{1}{9} + \dfrac{3}{9} + \dfrac{5}{9} + \dfrac{7}{9} =$

㉑ $\dfrac{1}{7} + \dfrac{2}{7} + \dfrac{4}{7} + \dfrac{6}{7} =$

㉒ $\dfrac{2}{10} + \dfrac{5}{10} + \dfrac{8}{10} + \dfrac{9}{10} =$

㉓ $\dfrac{4}{7} + \dfrac{4}{7} + \dfrac{4}{7} + \dfrac{4}{7} + \dfrac{4}{7} =$

㉔ $\dfrac{5}{8} + \dfrac{5}{8} + \dfrac{5}{8} + \dfrac{5}{8} + \dfrac{5}{8} =$

㉕ $\dfrac{1}{10} + \dfrac{3}{10} + \dfrac{5}{10} + \dfrac{7}{10} + \dfrac{9}{10} =$

㉖ $\dfrac{1}{9} + \dfrac{3}{9} + \dfrac{4}{9} + \dfrac{7}{9} + \dfrac{8}{9} =$

분모와 분자가 같은 분수는 1로 나타내.

05 합이 자연수인 분수의 덧셈

● 덧셈을 해 보세요.

① $\dfrac{1}{3} + \dfrac{2}{3} = \dfrac{1+2}{3} = \dfrac{3}{3} = 1$

분자끼리 더한 후 가분수를 자연수로 나타내요.

② $\dfrac{3}{5} + \dfrac{2}{5} =$

③ $\dfrac{3}{6} + \dfrac{3}{6} =$

④ $\dfrac{6}{7} + \dfrac{1}{7} =$

⑤ $\dfrac{2}{4} + \dfrac{2}{4} =$

⑥ $\dfrac{4}{8} + \dfrac{4}{8} =$

⑦ $\dfrac{3}{9} + \dfrac{6}{9} =$

⑧ $\dfrac{1}{10} + \dfrac{9}{10} =$

⑨ $\dfrac{1}{4} + \dfrac{1}{4} + \dfrac{2}{4} =$

⑩ $\dfrac{2}{5} + \dfrac{2}{5} + \dfrac{1}{5} =$

⑪ $\dfrac{1}{6} + \dfrac{2}{6} + \dfrac{3}{6} =$

⑫ $\dfrac{1}{8} + \dfrac{3}{8} + \dfrac{4}{8} =$

⑬ $\dfrac{1}{10} + \dfrac{4}{10} + \dfrac{5}{10} =$

⑭ $\dfrac{2}{7} + \dfrac{2}{7} + \dfrac{3}{7} =$

⑮ $\dfrac{7}{9} + \dfrac{4}{9} + \dfrac{7}{9} =$

⑯ $\dfrac{3}{12} + \dfrac{6}{12} + \dfrac{3}{12} =$

⑰ $\dfrac{5}{8} + \dfrac{5}{8} + \dfrac{6}{8} =$

⑱ $\dfrac{9}{11} + \dfrac{8}{11} + \dfrac{5}{11} =$

⑲ $\dfrac{4}{13} + \dfrac{3}{13} + \dfrac{6}{13} =$

⑳ $\dfrac{4}{12} + \dfrac{4}{12} + \dfrac{4}{12} =$

㉑ $\dfrac{13}{15} + \dfrac{8}{15} + \dfrac{9}{15} =$

㉒ $\dfrac{17}{20} + \dfrac{9}{20} + \dfrac{14}{20} =$

㉓ $\dfrac{1}{7} + \dfrac{2}{7} + \dfrac{2}{7} + \dfrac{2}{7} =$

㉔ $\dfrac{4}{9} + \dfrac{8}{9} + \dfrac{1}{9} + \dfrac{5}{9} =$

㉕ $\dfrac{2}{10} + \dfrac{5}{10} + \dfrac{6}{10} + \dfrac{7}{10} =$

㉖ $\dfrac{7}{8} + \dfrac{5}{8} + \dfrac{6}{8} + \dfrac{6}{8} =$

㉗ $\dfrac{6}{12} + \dfrac{9}{12} + \dfrac{2}{12} + \dfrac{7}{12} =$

㉘ $\dfrac{9}{10} + \dfrac{8}{10} + \dfrac{7}{10} + \dfrac{6}{10} =$

06 여러 가지 분수 더하기

더하는 수의 크기에 따라 계산 결과가 어떻게 달라지는지 살펴봐.

● 덧셈을 하고 계산 결과가 가분수이면 자연수 또는 대분수로 나타내 보세요.

①
+	$\frac{1}{8}$	$\frac{2}{8}$	$\frac{3}{8}$	$\frac{4}{8}$	$\frac{5}{8}$	$\frac{6}{8}$	$\frac{7}{8}$
$\frac{3}{8}$	$\frac{4}{8}$	$\frac{5}{8}$			$1\left(=\frac{8}{8}\right)$	$1\frac{1}{8}$	

→ 더하는 분수의 분자가 1씩 커지면

→ 계산 결과의 분자도 1씩 커져요.

②
+	$\frac{1}{9}$	$\frac{2}{9}$	$\frac{3}{9}$	$\frac{4}{9}$	$\frac{5}{9}$	$\frac{6}{9}$	$\frac{7}{9}$
$\frac{4}{9}$							

③
+	$\frac{1}{10}$	$\frac{2}{10}$	$\frac{3}{10}$	$\frac{4}{10}$	$\frac{5}{10}$	$\frac{6}{10}$	$\frac{7}{10}$
$\frac{6}{10}$							

④
+	$\frac{2}{11}$	$\frac{3}{11}$	$\frac{4}{11}$	$\frac{5}{11}$	$\frac{6}{11}$	$\frac{7}{11}$	$\frac{8}{11}$
$\frac{5}{11}$							

⑤

→ 더하는 분수의 분자가 1씩 작아지면

+	$\dfrac{10}{12}$	$\dfrac{9}{12}$	$\dfrac{8}{12}$	$\dfrac{7}{12}$	$\dfrac{6}{12}$	$\dfrac{5}{12}$	$\dfrac{4}{12}$	$\dfrac{3}{12}$
$\dfrac{8}{12}$								

→ 계산 결과는 어떻게 변할까요?

⑥

+	$\dfrac{12}{15}$	$\dfrac{11}{15}$	$\dfrac{10}{15}$	$\dfrac{9}{15}$	$\dfrac{8}{15}$	$\dfrac{7}{15}$	$\dfrac{6}{15}$	$\dfrac{5}{15}$
$\dfrac{7}{15}$								

⑦

+	$\dfrac{9}{20}$	$\dfrac{8}{20}$	$\dfrac{7}{20}$	$\dfrac{6}{20}$	$\dfrac{5}{20}$	$\dfrac{4}{20}$	$\dfrac{3}{20}$	$\dfrac{2}{20}$
$\dfrac{15}{20}$								

⑧

+	$\dfrac{12}{23}$	$\dfrac{11}{23}$	$\dfrac{10}{23}$	$\dfrac{9}{23}$	$\dfrac{8}{23}$	$\dfrac{7}{23}$	$\dfrac{6}{23}$	$\dfrac{5}{23}$
$\dfrac{16}{23}$								

07 다르면서 같은 덧셈

● 덧셈을 해 보세요.

① $\dfrac{1}{9} + \dfrac{3}{9} = \dfrac{4}{9}$

$\dfrac{2}{9} + \dfrac{2}{9} = \dfrac{4}{9}$

$\dfrac{3}{9} + \dfrac{1}{9} = \dfrac{4}{9}$

커지는 만큼   작아져요.

② $\dfrac{2}{5} + \dfrac{3}{5} =$

$\dfrac{3}{5} + \dfrac{2}{5} =$

$\dfrac{4}{5} + \dfrac{1}{5} =$

③ $\dfrac{1}{7} + \dfrac{5}{7} =$

$\dfrac{3}{7} + \dfrac{3}{7} =$

$\dfrac{5}{7} + \dfrac{1}{7} =$

④ $\dfrac{2}{8} + \dfrac{5}{8} =$

$\dfrac{4}{8} + \dfrac{3}{8} =$

$\dfrac{6}{8} + \dfrac{1}{8} =$

⑤ $\dfrac{3}{9} + \dfrac{5}{9} =$

$\dfrac{4}{9} + \dfrac{4}{9} =$

$\dfrac{5}{9} + \boxed{} = \dfrac{8}{9}$

⑥ $\dfrac{1}{10} + \dfrac{8}{10} =$

$\dfrac{3}{10} + \dfrac{6}{10} =$

$\dfrac{5}{10} + \boxed{} = \dfrac{9}{10}$

⑦ $\dfrac{6}{11} + \dfrac{1}{11} =$

$\dfrac{5}{11} + \dfrac{2}{11} =$

$\dfrac{4}{11} + \dfrac{3}{11} =$

작아지는
만큼   커져요.

⑧ $\dfrac{6}{13} + \dfrac{4}{13} =$

$\dfrac{5}{13} + \dfrac{5}{13} =$

$\dfrac{4}{13} + \dfrac{6}{13} =$

⑨ $\dfrac{9}{12} + \dfrac{1}{12} =$

$\dfrac{7}{12} + \dfrac{3}{12} =$

$\dfrac{5}{12} + \dfrac{5}{12} =$

⑩ $\dfrac{10}{16} + \dfrac{3}{16} =$

$\dfrac{8}{16} + \dfrac{5}{16} =$

$\dfrac{6}{16} + \dfrac{7}{16} =$

⑪ $\dfrac{7}{14} + \dfrac{2}{14} =$

$\dfrac{6}{14} + \dfrac{3}{14} =$

$\dfrac{5}{14} + \boxed{} = \dfrac{9}{14}$

⑫ $\dfrac{8}{15} + \dfrac{3}{15} =$

$\dfrac{6}{15} + \dfrac{5}{15} =$

$\dfrac{4}{15} + \boxed{} = \dfrac{11}{15}$

08 계산 결과 어림하기

분자끼리만 더해 봐도 알 수 있어.

● 계산 결과가 1보다 큰 것을 모두 찾아 ○표 하세요.

분자끼리의 합이 분모보다 큰 것을 찾아요.

①
$$\frac{1}{5}+\frac{4}{5} \qquad \frac{1}{4}+\frac{2}{4} \qquad \frac{3}{6}+\frac{2}{6} \qquad \boxed{\frac{2}{3}+\frac{2}{3}}$$

$1+4=5 \qquad\qquad 1+2<4 \qquad\qquad 3+2<6 \qquad\qquad 2+2>3$

②
$$\frac{4}{7}+\frac{2}{7} \qquad \frac{1}{8}+\frac{3}{8} \qquad \frac{5}{9}+\frac{5}{9} \qquad \frac{4}{6}+\frac{3}{6}$$

③
$$\frac{5}{8}+\frac{6}{8} \qquad \frac{3}{10}+\frac{5}{10} \qquad \frac{4}{9}+\frac{7}{9} \qquad \frac{5}{11}+\frac{3}{11}$$

④
$$\frac{5}{12}+\frac{4}{12} \qquad \frac{7}{13}+\frac{8}{13} \qquad \frac{9}{11}+\frac{1}{11} \qquad \frac{12}{17}+\frac{6}{17}$$

⑤
$$\frac{12}{13}+\frac{8}{13} \qquad \frac{3}{17}+\frac{9}{17} \qquad \frac{4}{16}+\frac{10}{16} \qquad \frac{9}{18}+\frac{9}{18}$$

⑥
$$\frac{8}{20}+\frac{8}{20} \qquad \frac{15}{26}+\frac{13}{26} \qquad \frac{18}{29}+\frac{8}{29} \qquad \frac{16}{30}+\frac{16}{30}$$

분자끼리의 덧셈만 생각해서 구해 봐.

09 같은 분수의 합으로 나타내기

● □ 안에 똑같은 분수를 쓰고 덧셈식을 완성해 보세요.

① $\boxed{\dfrac{1}{3}} + \boxed{\dfrac{1}{3}} = \dfrac{2}{3}$ ❷ 같은 수를 더해 2가 나오는 경우를 찾아요.

❶ 계산 결과의 분모가 3이므로
분모는 3이에요.

② $\boxed{} + \boxed{} = \dfrac{2}{5}$

③ $\boxed{} + \boxed{} = \dfrac{4}{5}$

④ $\boxed{} + \boxed{} = \dfrac{2}{9}$

⑤ $\boxed{} + \boxed{} = \dfrac{4}{7}$

⑥ $\boxed{} + \boxed{} = \dfrac{6}{8}$

⑦ $\boxed{} + \boxed{} = \dfrac{4}{6}$

⑧ $\boxed{} + \boxed{} = \dfrac{4}{9}$

⑨ $\boxed{} + \boxed{} = \dfrac{6}{7}$

⑩ $\boxed{} + \boxed{} = \dfrac{8}{9}$

⑪ $\boxed{} + \boxed{} = \dfrac{6}{9}$

⑫ $\boxed{} + \boxed{} = \dfrac{4}{8}$

⑬ $\boxed{} + \boxed{} + \boxed{} = \dfrac{3}{5}$

⑭ $\boxed{} + \boxed{} + \boxed{} = \dfrac{3}{7}$

⑮ $\boxed{} + \boxed{} + \boxed{} = \dfrac{6}{9}$

⑯ $\boxed{} + \boxed{} + \boxed{} = \dfrac{6}{8}$

자연수를 분수로 바꿔서 생각해 봐.

10 합이 자연수가 되도록 식 완성하기

● □ 안에 알맞은 분수를 써 보세요.

① $\dfrac{1}{4} + \dfrac{1}{4} + \boxed{\dfrac{2}{4}} = 1$ 　❶ 1을 분모가 4인 분수로 나타내면 $\dfrac{4}{4}$예요.
　❷ $1+1+\square=4 \rightarrow \square=2$

② $\dfrac{1}{5} + \dfrac{2}{5} + \boxed{} = 1$ 　1을 분모가 5인 분수로 나타내면 $\dfrac{5}{5}$예요.

③ $\dfrac{1}{7} + \dfrac{2}{7} + \boxed{} = 1$

④ $\dfrac{1}{8} + \dfrac{3}{8} + \boxed{} = 1$

⑤ $\boxed{} + \dfrac{1}{6} + \dfrac{3}{6} = 1$

⑥ $\boxed{} + \dfrac{2}{8} + \dfrac{5}{8} = 1$

⑦ $\boxed{} + \dfrac{4}{7} + \dfrac{1}{7} = 1$

⑧ $\boxed{} + \dfrac{2}{9} + \dfrac{4}{9} = 1$

⑨ $\dfrac{4}{5} + \dfrac{2}{5} + \boxed{} = 2$

⑩ $\dfrac{3}{6} + \dfrac{4}{6} + \boxed{} = 2$

⑪ $\dfrac{5}{8} + \dfrac{6}{8} + \boxed{} = 2$

⑫ $\dfrac{6}{9} + \dfrac{8}{9} + \boxed{} = 2$

⑬ $\boxed{} + \dfrac{9}{10} + \dfrac{5}{10} = 2$

⑭ $\boxed{} + \dfrac{9}{11} + \dfrac{5}{11} = 2$

⑮ $\boxed{} + \dfrac{8}{13} + \dfrac{9}{13} = 2$

⑯ $\boxed{} + \dfrac{9}{15} + \dfrac{9}{15} = 2$

'='의 왼쪽에 있는 분수를 두 분수의 **합**이라고 생각해 봐.

11 분수를 덧셈식으로 나타내기

● □ 안에 알맞은 수를 써 보세요. (단, 답은 여러 가지가 될 수 있습니다.)

① $\dfrac{4}{5} = \dfrac{예\ 1}{5} + \dfrac{3}{5}$ 분자끼리의 합이 4가 되는 두 수를 써요. $\dfrac{2}{5} + \dfrac{2}{5}$ 도 답이 될 수 있어요.

② $\dfrac{5}{8} = \dfrac{\square}{8} + \dfrac{\square}{8}$ 분자끼리의 합이 5가 되는 두 수를 써요.

③ $\dfrac{7}{10} = \dfrac{\square}{10} + \dfrac{\square}{10}$

④ $\dfrac{9}{12} = \dfrac{\square}{12} + \dfrac{\square}{12}$

⑤ $\dfrac{14}{15} = \dfrac{\square}{15} + \dfrac{\square}{15}$

⑥ $\dfrac{10}{11} = \dfrac{\square}{11} + \dfrac{\square}{11}$

⑦ $\dfrac{11}{13} = \dfrac{\square}{13} + \dfrac{\square}{13}$

⑧ $\dfrac{15}{18} = \dfrac{\square}{18} + \dfrac{\square}{18}$

⑨ $\dfrac{18}{20} = \dfrac{\square}{20} + \dfrac{\square}{20}$

⑩ $\dfrac{22}{25} = \dfrac{\square}{25} + \dfrac{\square}{25}$

⑪ $\dfrac{17}{19} = \dfrac{\square}{19} + \dfrac{\square}{19}$

⑫ $\dfrac{19}{22} = \dfrac{\square}{22} + \dfrac{\square}{22}$

⑬ $1\dfrac{1}{11} = \dfrac{\square}{11} + \dfrac{\square}{11}$ $1\dfrac{1}{11} = \dfrac{12}{11}$ 이므로 분자끼리의 합이 12가 되는 두 수를 써요.

⑭ $1\dfrac{5}{14} = \dfrac{\square}{14} + \dfrac{\square}{14}$

⑮ $1\dfrac{6}{12} = \dfrac{\square}{12} + \dfrac{\square}{12}$

⑯ $1\dfrac{3}{17} = \dfrac{\square}{17} + \dfrac{\square}{17}$

분모가 같은
대분수의 덧셈

자연수는 자연수끼리, 분수는 분수끼리 더해.

$$1\frac{2}{4} + 2\frac{3}{4}$$

$$= (1 + 2) + \left(\frac{2}{4} + \frac{3}{4}\right)$$

$$= 3 + \frac{5}{4}$$

$$\frac{5}{4} = \frac{4}{4} + \frac{1}{4} = 1\frac{1}{4}$$

$$= 3 + 1\frac{1}{4}$$

$$= 4\frac{1}{4}$$

자연수는 자연수끼리, 분수는 분수끼리 더해.

01 색칠하여 합 구하기

 합해서 색칠하고 색칠한 부분을 분수로 나타내 봐.

● 그림에 알맞게 색칠하고 □ 안에 알맞은 분수를 써 보세요.

①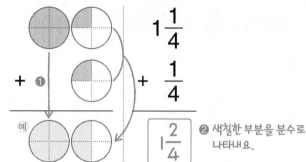

$$+ \quad 1\frac{1}{4} \\ + \quad 1\frac{1}{4}$$

예 $1\frac{2}{4}$ ❷ 색칠한 부분을 분수로 나타내요.

②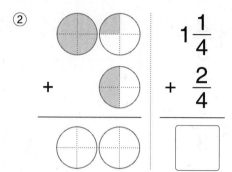

$$+ \quad 1\frac{1}{4} \\ + \quad \frac{2}{4}$$

③

$$+ \quad 1\frac{1}{5} \\ +1\frac{1}{5}$$

④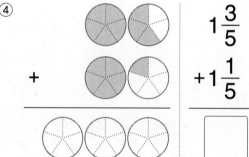

$$1\frac{3}{5} \\ +1\frac{1}{5}$$

⑤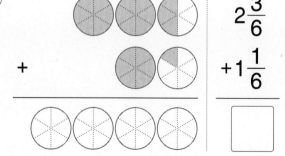

$$2\frac{3}{6} \\ +1\frac{1}{6}$$

⑥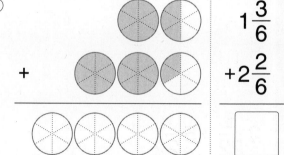

$$1\frac{3}{6} \\ +2\frac{2}{6}$$

자연수는 자연수끼리, 분수는 분수끼리 더하는 것이 핵심!

02 올림이 없는 두 분수의 덧셈

● 덧셈을 해 보세요.

① $1\dfrac{1}{5} + 1\dfrac{2}{5} = (1+1) + (\dfrac{1}{5} + \dfrac{2}{5}) = 2\dfrac{3}{5}$

　　　　　　　　자연수는　　　분수는 분수끼리 더해요.
　　　　　　　　자연수끼리

② $1\dfrac{4}{7} + 1\dfrac{2}{7} =$

③ $1\dfrac{1}{3} + 2\dfrac{1}{3} =$

④ $2\dfrac{1}{4} + 1\dfrac{2}{4} =$

⑤ $3\dfrac{2}{8} + 5\dfrac{3}{8} =$

⑥ $4\dfrac{3}{6} + 4\dfrac{1}{6} =$

⑦ $2\dfrac{3}{7} + 6\dfrac{1}{7} =$

⑧ $3\dfrac{3}{9} + 2\dfrac{5}{9} =$

⑨ $2\dfrac{3}{10} + 5\dfrac{6}{10} =$

⑩ $1\dfrac{5}{14} + 2\dfrac{4}{14} =$

⑪ $3\dfrac{7}{12} + 5\dfrac{4}{12} =$

⑫ $3\dfrac{3}{11} + 5\dfrac{7}{11} =$

⑬ $4\dfrac{7}{15} + 2\dfrac{5}{15} =$

⑭ $6\dfrac{5}{13} + 3\dfrac{6}{13} =$

⑮ $3\dfrac{2}{16} + 4\dfrac{10}{16} =$

⑯ $2\dfrac{5}{22} + 5\dfrac{4}{22} =$

$2\dfrac{1}{3} + 3\dfrac{1}{3} = 5\dfrac{2}{3}$　　VS　　$2\dfrac{1}{3} + 3\dfrac{1}{3}$
$= \dfrac{7}{3} + \dfrac{10}{3}$
$= \dfrac{17}{3} = 5\dfrac{2}{3}$

어느 계산 방법이 더 빠르겠니?

⑰ $4\dfrac{3}{19} + 8\dfrac{11}{19} =$

⑱ $3\dfrac{11}{14} + 3\dfrac{2}{14} =$

⑲ $2\dfrac{3}{20} + 4\dfrac{13}{20} =$

⑳ $5\dfrac{8}{23} + 7\dfrac{11}{23} =$

㉑ $2\dfrac{6}{27} + 8\dfrac{12}{27} =$

㉒ $7\dfrac{4}{21} + 4\dfrac{16}{21} =$

㉓ $3\dfrac{6}{25} + 1\dfrac{18}{25} =$

㉔ $5\dfrac{15}{26} + 7\dfrac{6}{26} =$

㉕ $6\dfrac{14}{24} + 7\dfrac{9}{24} =$

㉖ $9\dfrac{8}{28} + 4\dfrac{16}{28} =$

㉗ $3\dfrac{10}{22} + 2\dfrac{11}{22} =$

㉘ $2\dfrac{12}{29} + 4\dfrac{13}{29} =$

㉙ $4\dfrac{10}{23} + 3\dfrac{12}{23} =$

㉚ $6\dfrac{11}{25} + 2\dfrac{12}{25} =$

㉛ $5\dfrac{11}{27} + 4\dfrac{14}{27} =$

㉜ $3\dfrac{15}{26} + 6\dfrac{10}{26} =$

㉝ $7\dfrac{16}{29} + 2\dfrac{12}{29} =$

㉞ $3\dfrac{14}{30} + 5\dfrac{12}{30} =$

계산 결과의 분수 부분이 **가분수이면 대분수로 나타내.**

03 올림이 있는 두 분수의 덧셈

● 덧셈을 해 보세요.

$\frac{3}{3}$을 1로 바꾸어 자연수로 올림해요.

① $1\frac{2}{3} + 2\frac{2}{3} = 3 + \frac{4}{3} = 3 + 1\frac{1}{3} = 4\frac{1}{3}$

② $2\frac{2}{4} + 1\frac{3}{4} =$

③ $4\frac{4}{5} + 1\frac{3}{5} =$

④ $3\frac{4}{9} + 4\frac{5}{9} =$

⑤ $3\frac{7}{8} + 2\frac{3}{8} =$

⑥ $2\frac{3}{6} + 6\frac{4}{6} =$

⑦ $6\frac{3}{9} + 5\frac{7}{9} =$

⑧ $5\frac{3}{4} + 2\frac{3}{4} =$

⑨ $3\frac{5}{7} + 3\frac{6}{7} =$

⑩ $3\frac{4}{8} + 9\frac{6}{8} =$

⑪ $4\frac{5}{7} + 6\frac{5}{7} =$

⑫ $7\frac{5}{6} + 5\frac{4}{6} =$

⑬ $3\frac{8}{15} + 2\frac{8}{15} =$

⑭ $2\frac{6}{13} + 1\frac{9}{13} =$

⑮ $2\frac{7}{14} + 4\frac{8}{14} =$

⑯ $5\frac{9}{12} + 2\frac{5}{12} =$

⑰ $3\frac{9}{16} + 3\frac{8}{16} =$

⑱ $6\frac{7}{11} + 3\frac{8}{11} =$

⑲ $5\dfrac{9}{14}+8\dfrac{6}{14}=$

⑳ $7\dfrac{8}{12}+6\dfrac{5}{12}=$

㉑ $9\dfrac{8}{17}+6\dfrac{9}{17}=$

㉒ $7\dfrac{9}{16}+7\dfrac{9}{16}=$

㉓ $3\dfrac{6}{17}+2\dfrac{12}{17}=$

㉔ $1\dfrac{7}{18}+5\dfrac{12}{18}=$

㉕ $2\dfrac{11}{13}+5\dfrac{4}{13}=$

㉖ $2\dfrac{4}{17}+3\dfrac{15}{17}=$

㉗ $3\dfrac{12}{14}+3\dfrac{3}{14}=$

㉘ $4\dfrac{7}{19}+3\dfrac{13}{19}=$

㉙ $4\dfrac{5}{18}+2\dfrac{13}{18}=$

㉚ $1\dfrac{11}{12}+6\dfrac{5}{12}=$

㉛ $5\dfrac{3}{15}+3\dfrac{14}{15}=$

㉜ $4\dfrac{15}{16}+5\dfrac{2}{16}=$

㉝ $2\dfrac{14}{23}+6\dfrac{9}{23}=$

㉞ $2\dfrac{16}{21}+3\dfrac{6}{21}=$

㉟ $2\dfrac{6}{22}+5\dfrac{20}{22}=$

㊱ $4\dfrac{17}{19}+2\dfrac{6}{19}$

㊲ $4\frac{15}{18}+3\frac{5}{18}=$

㊳ $3\frac{9}{23}+5\frac{21}{23}=$

㊴ $6\frac{17}{26}+7\frac{9}{26}=$

㊵ $8\frac{9}{24}+2\frac{19}{24}=$

㊶ $5\frac{18}{25}+5\frac{9}{25}=$

㊷ $6\frac{12}{19}+1\frac{17}{19}=$

㊸ $2\frac{11}{21}+3\frac{18}{21}=$

㊹ $4\frac{19}{22}+2\frac{13}{22}=$

㊺ $5\frac{12}{26}+2\frac{18}{26}=$

㊻ $3\frac{15}{28}+6\frac{14}{28}=$

㊼ $4\frac{25}{29}+5\frac{6}{29}=$

㊽ $1\frac{10}{15}+3\frac{14}{15}=$

㊾ $6\frac{23}{27}+7\frac{9}{27}=$

㊿ $3\frac{21}{33}+8\frac{14}{33}=$

(51) $4\frac{27}{30}+4\frac{13}{30}=$

(52) $5\frac{27}{35}+6\frac{21}{35}=$

(53) $3\frac{16}{39}+5\frac{25}{39}=$

(54) $9\frac{24}{36}+4\frac{18}{36}=$

더하는 수의 크기에 따라 계산 결과가 어떻게 달라지는지 살펴봐.

04 여러 가지 분수 더하기

● 덧셈을 해 보세요.

①

+	$1\frac{1}{8}$	$1\frac{2}{8}$	$1\frac{3}{8}$	$1\frac{4}{8}$	$1\frac{5}{8}$	$1\frac{6}{8}$	$1\frac{7}{8}$
$1\frac{3}{8}$	$2\frac{4}{8}$	$2\frac{5}{8}$			3	$3\frac{1}{8}$	

→ 더하는 분수의 분자가 1씩 커지면

→ 계산 결과의 분자도 1씩 커져요.

②

+	$1\frac{1}{9}$	$1\frac{2}{9}$	$1\frac{3}{9}$	$1\frac{4}{9}$	$1\frac{5}{9}$	$1\frac{6}{9}$	$1\frac{7}{9}$
$2\frac{5}{9}$							

③

+	$1\frac{1}{10}$	$1\frac{2}{10}$	$1\frac{3}{10}$	$1\frac{4}{10}$	$1\frac{5}{10}$	$1\frac{6}{10}$	$1\frac{7}{10}$
$1\frac{6}{10}$							

④

+	$1\frac{2}{11}$	$1\frac{3}{11}$	$1\frac{4}{11}$	$1\frac{5}{11}$	$1\frac{6}{11}$	$1\frac{7}{11}$	$1\frac{8}{11}$
$1\frac{7}{11}$							

→ 더하는 분수의 분자가 1씩 작아지면

⑤

+	$1\frac{11}{12}$	$1\frac{10}{12}$	$1\frac{9}{12}$	$1\frac{8}{12}$	$1\frac{7}{12}$	$1\frac{6}{12}$	$1\frac{5}{12}$
$2\frac{5}{12}$							

→ 계산 결과는 어떻게 변할까요?

⑥

+	$1\frac{11}{15}$	$1\frac{10}{15}$	$1\frac{9}{15}$	$1\frac{8}{15}$	$1\frac{7}{15}$	$1\frac{6}{15}$	$1\frac{5}{15}$
$1\frac{8}{15}$							

⑦

+	$1\frac{9}{20}$	$1\frac{8}{20}$	$1\frac{7}{20}$	$1\frac{6}{20}$	$1\frac{5}{20}$	$1\frac{4}{20}$	$1\frac{3}{20}$
$2\frac{14}{20}$							

⑧

+	$1\frac{12}{24}$	$1\frac{11}{24}$	$1\frac{10}{24}$	$1\frac{9}{24}$	$1\frac{8}{24}$	$1\frac{7}{24}$	$1\frac{6}{24}$
$2\frac{18}{24}$							

05 다르면서 같은 덧셈

● 덧셈을 해 보세요.

① $1\dfrac{1}{4} + 1\dfrac{3}{4} = 3$

$1\dfrac{2}{5} + 1\dfrac{3}{5} = 3$

$2\dfrac{2}{7} + \dfrac{5}{7} = 3$

분수끼리의 합은 모두 1이고
자연수끼리의 합은 모두 2예요.

② $1\dfrac{1}{3} + 2\dfrac{2}{3} =$

$2\dfrac{3}{5} + 1\dfrac{2}{5} =$

$3\dfrac{4}{6} + \dfrac{2}{6} =$

③ $2\dfrac{3}{7} + 2\dfrac{4}{7} =$

$1\dfrac{5}{8} + 3\dfrac{3}{8} =$

$\dfrac{3}{9} + 4\dfrac{6}{9} =$

④ $\dfrac{5}{8} + 5\dfrac{3}{8} =$

$2\dfrac{4}{6} + 3\dfrac{2}{6} =$

$4\dfrac{1}{6} + 1\dfrac{5}{6} =$

⑤ $4\dfrac{6}{9} + 2\dfrac{3}{9} =$

$1\dfrac{3}{7} + 5\dfrac{4}{7} =$

$6\dfrac{1}{10} + \dfrac{\boxed{}}{10} = 7$

⑥ $3\dfrac{5}{7} + 4\dfrac{2}{7} =$

$5\dfrac{7}{11} + 2\dfrac{4}{11} =$

$\dfrac{6}{12} + 7\dfrac{\boxed{}}{12} = 8$

⑦ $5\dfrac{3}{8} + 3\dfrac{5}{8} =$

$4\dfrac{6}{10} + 4\dfrac{4}{10} =$

$\dfrac{8}{13} + 8\dfrac{5}{13} =$

⑧ $2\dfrac{4}{9} + 7\dfrac{5}{9} =$

$9\dfrac{7}{15} + \dfrac{8}{15} =$

$6\dfrac{14}{20} + 3\dfrac{6}{20} =$

⑨ $\dfrac{8}{11} + 6\dfrac{3}{11} =$

$3\dfrac{3}{8} + 3\dfrac{5}{8} =$

$2\dfrac{15}{17} + 4\dfrac{2}{17} =$

⑩ $2\dfrac{3}{10} + 6\dfrac{7}{10} =$

$7\dfrac{8}{16} + 1\dfrac{8}{16} =$

$8\dfrac{10}{22} + \dfrac{12}{22} =$

⑪ $7\dfrac{3}{8} + 2\dfrac{5}{8} =$

$3\dfrac{3}{14} + 6\dfrac{11}{14} =$

$4\dfrac{15}{25} + 5\dfrac{\boxed{}}{25} = 10$

⑫ $6\dfrac{4}{12} + \dfrac{8}{12} =$

$1\dfrac{13}{15} + 5\dfrac{2}{15} =$

$4\dfrac{7}{18} + 2\dfrac{\boxed{}}{18} = 7$

06 계산 결과 어림하기

자연수끼리, 분수끼리의 계산을 생각해서 합이 얼마쯤인지 어림해 봐.

● 계산 결과가 ⬤ 안의 수보다 큰 것을 모두 찾아 ○표 하세요.

① **4**

$\left(2\dfrac{1}{5} + 2\dfrac{1}{5} \right)$ 　　 $2\dfrac{2}{5} + 1\dfrac{1}{5}$ 　　 $\left(2\dfrac{4}{5} + 1\dfrac{3}{5} \right)$ 　　 $1\dfrac{3}{5} + 2\dfrac{1}{5}$

자연수끼리의 합이 4이므로
계산 결과는 4보다 커요.

자연수끼리의 합이 3, 분수끼리의 합이 1보다 크므로
계산 결과는 4보다 커요.

② **5**

$1\dfrac{3}{7} + 3\dfrac{2}{7}$ 　　 $1\dfrac{2}{7} + 4\dfrac{3}{7}$ 　　 $1\dfrac{2}{7} + 3\dfrac{4}{7}$ 　　 $2\dfrac{5}{7} + 2\dfrac{3}{7}$

③ **6**

$3\dfrac{2}{8} + 2\dfrac{1}{8}$ 　　 $3\dfrac{5}{8} + 2\dfrac{4}{8}$ 　　 $3\dfrac{1}{8} + 3\dfrac{1}{8}$ 　　 $2\dfrac{3}{8} + 3\dfrac{4}{8}$

④ **7**

$2\dfrac{5}{10} + 4\dfrac{3}{10}$ 　　 $4\dfrac{3}{10} + 2\dfrac{4}{10}$ 　　 $4\dfrac{5}{10} + 3\dfrac{3}{10}$ 　　 $2\dfrac{7}{10} + 4\dfrac{7}{10}$

⑤ **8**

$4\dfrac{5}{12} + 3\dfrac{8}{12}$ 　　 $4\dfrac{3}{12} + 3\dfrac{5}{12}$ 　　 $3\dfrac{6}{12} + 4\dfrac{9}{12}$ 　　 $3\dfrac{8}{12} + 4\dfrac{2}{12}$

⑥ **9**

$4\dfrac{3}{15} + 4\dfrac{5}{15}$ 　　 $4\dfrac{9}{15} + 4\dfrac{8}{15}$ 　　 $5\dfrac{6}{15} + 3\dfrac{11}{15}$ 　　 $5\dfrac{7}{15} + 3\dfrac{2}{15}$

분모가 같으면 자연수끼리, 분자끼리만 더하면 돼.

07 셋 이상의 분수의 덧셈

● 덧셈을 해 보세요.

① $1\frac{1}{4}+1\frac{1}{4}+1\frac{1}{4}=(1+1+1)+(\frac{1+1+1}{4})$
$$=3\frac{3}{4}$$

② $1\frac{1}{5}+1\frac{1}{5}+1\frac{1}{5}=$

③ $1\frac{2}{7}+1\frac{2}{7}+1\frac{2}{7}=$

④ $1\frac{2}{8}+1\frac{2}{8}+1\frac{2}{8}=$

⑤ $1\frac{2}{10}+1\frac{3}{10}+1\frac{4}{10}=$

⑥ $1\frac{1}{9}+1\frac{3}{9}+1\frac{4}{9}=$

⑦ $2\frac{1}{7}+2\frac{1}{7}+2\frac{1}{7}=$

⑧ $2\frac{3}{10}+2\frac{3}{10}+2\frac{3}{10}=$

⑨ $2\frac{1}{8}+2\frac{2}{8}+2\frac{3}{8}=$

⑩ $2\frac{2}{12}+2\frac{3}{12}+2\frac{5}{12}=$

⑪ $1\frac{1}{3}+1\frac{1}{3}+1\frac{1}{3}=$

⑫ $1\frac{2}{6}+1\frac{2}{6}+1\frac{2}{6}=$

⑬ $2\frac{3}{9}+2\frac{3}{9}+2\frac{3}{9}=$

⑭ $2\frac{4}{12}+2\frac{4}{12}+2\frac{4}{12}=$

⑮ $1\dfrac{3}{8}+1\dfrac{3}{8}+1\dfrac{3}{8}=$

⑯ $1\dfrac{1}{4}+1\dfrac{2}{4}+1\dfrac{3}{4}=$

⑰ $1\dfrac{1}{7}+1\dfrac{3}{7}+1\dfrac{5}{7}=$

⑱ $1\dfrac{1}{9}+1\dfrac{3}{9}+1\dfrac{5}{9}=$

⑲ $2\dfrac{2}{5}+2\dfrac{2}{5}+2\dfrac{2}{5}=$

⑳ $2\dfrac{1}{6}+2\dfrac{3}{6}+2\dfrac{5}{6}=$

㉑ $2\dfrac{1}{5}+2\dfrac{2}{5}+2\dfrac{3}{5}=$

㉒ $2\dfrac{2}{8}+2\dfrac{4}{8}+2\dfrac{6}{8}=$

㉓ $2\dfrac{1}{6}+2\dfrac{2}{6}+2\dfrac{3}{6}+2\dfrac{4}{6}=$

㉔ $2\dfrac{1}{7}+2\dfrac{2}{7}+2\dfrac{3}{7}+2\dfrac{4}{7}=$

㉕ $2\dfrac{1}{10}+2\dfrac{2}{10}+2\dfrac{5}{10}+2\dfrac{9}{10}=$

㉖ $2\dfrac{1}{9}+2\dfrac{3}{9}+2\dfrac{7}{9}+2\dfrac{8}{9}=$

㉗ $1\dfrac{1}{8}+1+\dfrac{3}{8}+2\dfrac{4}{8}=$

㉘ $1\dfrac{2}{6}+2\dfrac{1}{6}+2+\dfrac{3}{6}=$

덧셈식에서는 괄호를 다르게 넣어도 계산 결과가 같아.

08 묶어서 더하기

● 덧셈을 해 보세요.

① $(1\frac{1}{4} + 2\frac{2}{4}) + 3\frac{2}{4} = 1\frac{1}{4} + (2\frac{2}{4} + 3\frac{2}{4})$

$3\frac{3}{4}$

6

$7\frac{1}{4}$ → 계산 결과가 같아요. ← $7\frac{1}{4}$

> 분수끼리 더해서 1이 되는 식을 먼저 계산하면 편하구나!
>
> $1\frac{1}{4} + (2\frac{2}{4} + 3\frac{2}{4})$ $\frac{2+2}{4} = \frac{4}{4} = 1$

② $(4\frac{2}{6} + 3\frac{1}{6}) + 1\frac{5}{6} = 4\frac{2}{6} + (3\frac{1}{6} + 1\frac{5}{6})$

③ $(2\frac{3}{7} + 1\frac{5}{7}) + 3\frac{2}{7} = 2\frac{3}{7} + (1\frac{5}{7} + 3\frac{2}{7})$

④ $(3\frac{2}{9} + 2\frac{5}{9}) + 1\frac{4}{9} = 3\frac{2}{9} + (2\frac{5}{9} + 1\frac{4}{9})$

> 중학생이 되면 결합법칙이라고 불러.

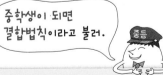

$(1\frac{1}{4} + 2\frac{2}{4}) + 3\frac{2}{4} = 1\frac{1}{4} + (2\frac{2}{4} + 3\frac{2}{4})$

$(3+2)+5 = 3+(2+5)$

$(a+b)+c = a+(b+c)$

⑤ $(4\dfrac{5}{11} + 3\dfrac{8}{11}) + 3\dfrac{3}{11} = 4\dfrac{5}{11} + (3\dfrac{8}{11} + 3\dfrac{3}{11})$

⑥ $(5\dfrac{8}{15} + 8\dfrac{6}{15}) + 3\dfrac{9}{15} = 5\dfrac{8}{15} + (8\dfrac{6}{15} + 3\dfrac{9}{15})$

⑦ $(6\dfrac{14}{20} + 3\dfrac{13}{20}) + 2\dfrac{7}{20} = 6\dfrac{14}{20} + (3\dfrac{13}{20} + 2\dfrac{7}{20})$

⑧ $(2\dfrac{21}{23} + 8\dfrac{13}{23}) + 1\dfrac{10}{23} = 2\dfrac{21}{23} + (8\dfrac{13}{23} + 1\dfrac{10}{23})$

09 등식 완성하기

'='는 '='의 왼쪽과 오른쪽이 같음을 나타내는 기호야.

● '='의 양쪽이 같게 되도록 □ 안에 알맞은 수를 써 보세요.

① $1\dfrac{1}{5}+1\dfrac{4}{5}$ = $1\dfrac{3}{4}+1\dfrac{\boxed{1}}{4}$

$\underline{\quad\quad\quad}$
$2+\dfrac{5}{5}=2+1$ $\quad$ $2+\dfrac{3+\square}{4}$에서 $3+\square=4$가 되어야
분수 부분의 합이 1이 돼요.

② $2\dfrac{4}{6}+\dfrac{2}{6}$ = $1\dfrac{2}{5}+1\dfrac{\boxed{}}{5}$

③ $2\dfrac{3}{7}+1\dfrac{4}{7}$ = $1\dfrac{\boxed{}}{9}+2\dfrac{3}{9}$

④ $1\dfrac{3}{4}+2\dfrac{1}{4}$ = $2\dfrac{\boxed{}}{6}+1\dfrac{5}{6}$

⑤ $3\dfrac{2}{8}+\dfrac{6}{8}$ = $1\dfrac{4}{7}+2\dfrac{\boxed{}}{7}$

⑥ $2\dfrac{3}{7}+3\dfrac{4}{7}$ = $4\dfrac{5}{10}+1\dfrac{\boxed{}}{10}$

⑦ $1\dfrac{1}{6}+2\dfrac{5}{6}$ = $\dfrac{5}{8}+3\dfrac{\boxed{}}{8}$

⑧ $2\dfrac{4}{9}+2\dfrac{5}{9}$ = $4\dfrac{1}{6}+\dfrac{\boxed{}}{6}$

⑨ $1\dfrac{7}{10}+4\dfrac{\boxed{}}{10}$ = $3\dfrac{5}{7}+2\dfrac{2}{7}$

⑩ $\dfrac{\boxed{}}{12}+2\dfrac{8}{12}$ = $1\dfrac{4}{11}+1\dfrac{7}{11}$

⑪ $2\dfrac{\square}{14}+1\dfrac{6}{14}$ ⬤ $3\dfrac{6}{13}+\dfrac{7}{13}$

⑫ $1\dfrac{\square}{3}+\dfrac{2}{3}$ ⬤ $\dfrac{11}{15}+1\dfrac{4}{15}$

⑬ $1\dfrac{12}{15}+1\dfrac{3}{15}$ ⬤ $\dfrac{7}{9}+2\dfrac{\square}{9}$

⑭ $1\dfrac{4}{12}+\dfrac{8}{12}$ ⬤ $1\dfrac{3}{18}+\dfrac{\square}{18}$

⑮ $3\dfrac{3}{8}+1\dfrac{\square}{8}$ ⬤ $2\dfrac{4}{11}+2\dfrac{7}{11}$

⑯ $2\dfrac{2}{7}+1\dfrac{5}{7}$ ⬤ $3\dfrac{4}{10}+\dfrac{\square}{10}$

⑰ $1\dfrac{6}{9}+1\dfrac{3}{9}$ ⬤ $2\dfrac{\square}{14}+\dfrac{5}{14}$

⑱ $\dfrac{\square}{12}+2\dfrac{7}{12}$ ⬤ $1\dfrac{6}{15}+1\dfrac{9}{15}$

⑲ $2\dfrac{3}{10}+2\dfrac{7}{10}$ ⬤ $4\dfrac{1}{8}+\dfrac{\square}{8}$

⑳ $1\dfrac{\square}{13}+4\dfrac{3}{13}$ ⬤ $3\dfrac{4}{9}+2\dfrac{5}{9}$

분자끼리 더한 것이 분모와 같아지는 것부터 찾아봐.

10 합이 자연수가 되는 분수

● 합이 ◯ 안의 수가 되도록 두 수를 묶어 보세요.

① 5

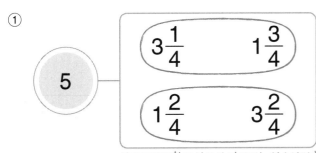

$3\frac{1}{4}$ $1\frac{3}{4}$

$1\frac{2}{4}$ $3\frac{2}{4}$

분자끼리의 합이 분모와 같아지는 분수부터 찾아요.

② 5

$1\frac{3}{7}$ $2\frac{1}{7}$

$2\frac{6}{7}$ $3\frac{4}{7}$

③ 6

$2\frac{3}{8}$ $1\frac{6}{8}$

$3\frac{5}{8}$ $4\frac{2}{8}$

④ 6

$3\frac{1}{5}$ $2\frac{4}{5}$

$4\frac{3}{5}$ $1\frac{2}{5}$

⑤ 7

$5\frac{2}{6}$ $3\frac{5}{6}$

$3\frac{1}{6}$ $1\frac{4}{6}$

⑥ 8

$4\frac{1}{9}$ $2\frac{3}{9}$

$3\frac{8}{9}$ $5\frac{6}{9}$

⑦ 10

$7\frac{1}{8}$ $3\frac{2}{8}$

$2\frac{7}{8}$ $6\frac{6}{8}$

⑧ 11

$4\frac{5}{11}$ $7\frac{7}{11}$

$3\frac{4}{11}$ $6\frac{6}{11}$

━3 분모가 같은 진분수의 뺄셈

분모는 그대로 두고 분자끼리 빼.

$$\frac{4}{5} - \frac{2}{5} = \frac{4-2}{5} = \frac{2}{5}$$

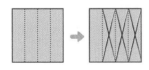

$\frac{1}{5}$이 4개 $\frac{1}{5}$이 2개 $\frac{1}{5}$이 2개

자연수를 분수로 만들어서 빼.

$$1 - \frac{3}{4} = \frac{4}{4} - \frac{3}{4} = \frac{1}{4}$$

$\frac{1}{4}$이 4개 $\frac{1}{4}$이 3개 $\frac{1}{4}$이 1개

수직선에서 **왼쪽 방향**으로 움직이는 것은 뺀다는 뜻이야.

01 수직선을 보고 뺄셈하기

● 수직선의 빈칸에 수를 쓰고 뺄셈을 해 보세요.

① 오른쪽으로 $\frac{4}{5}$ 만큼 간 다음 왼쪽으로 $\frac{3}{5}$ 만큼 되돌아오면 $\frac{1}{5}$ 이에요.

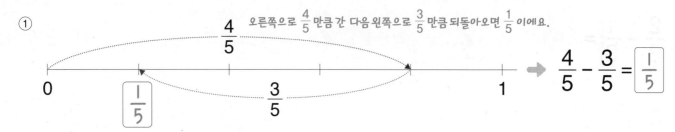

$\Rightarrow \dfrac{4}{5} - \dfrac{3}{5} = \boxed{\dfrac{1}{5}}$

②

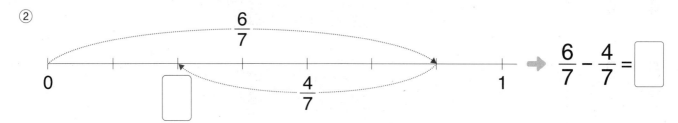

$\Rightarrow \dfrac{6}{7} - \dfrac{4}{7} = \boxed{}$

③

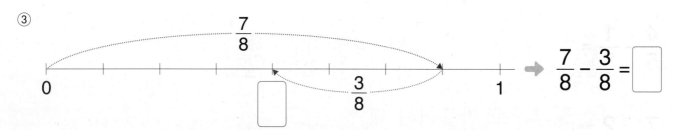

$\Rightarrow \dfrac{7}{8} - \dfrac{3}{8} = \boxed{}$

④

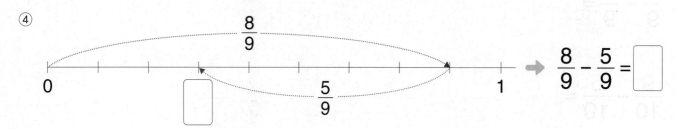

$\Rightarrow \dfrac{8}{9} - \dfrac{5}{9} = \boxed{}$

⑤

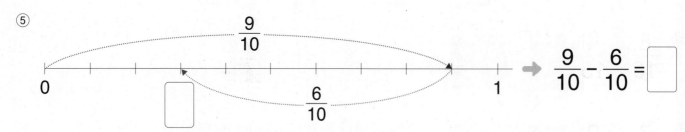

$\Rightarrow \dfrac{9}{10} - \dfrac{6}{10} = \boxed{}$

⑥

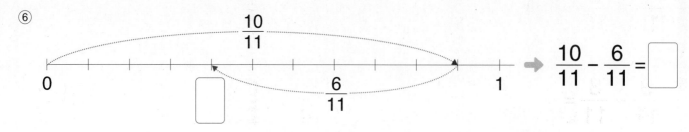

$\Rightarrow \dfrac{10}{11} - \dfrac{6}{11} = \boxed{}$

02 두 분수의 뺄셈  분모는 그대로 두고 분자끼리 빼는 것이 핵심!

● 뺄셈을 해 보세요.

① $\dfrac{2}{3} - \dfrac{1}{3} = \dfrac{2-1}{3} = \dfrac{1}{3}$

❷ 분자끼리 빼요.

❶ 분모는 그대로 3이라고 써요.

② $\dfrac{3}{5} - \dfrac{2}{5} =$

③ $\dfrac{3}{4} - \dfrac{1}{4} =$

④ $\dfrac{5}{6} - \dfrac{3}{6} =$

⑤ $\dfrac{5}{7} - \dfrac{2}{7} =$

⑥ $\dfrac{7}{8} - \dfrac{2}{8} =$

⑦ $\dfrac{4}{5} - \dfrac{1}{5} =$

⑧ $\dfrac{6}{9} - \dfrac{5}{9} =$

⑨ $\dfrac{7}{9} - \dfrac{2}{9} =$

⑩ $\dfrac{5}{11} - \dfrac{5}{11} = \dfrac{5-5}{11} = \dfrac{0}{11} = 0$

전체를 똑같이 11로 나눈 것 중의 0이니까 $\dfrac{0}{11} = 0$이야.

⑪ $\dfrac{9}{10} - \dfrac{5}{10} =$

⑫ $\dfrac{8}{15} - \dfrac{4}{15} =$

⑬ $\dfrac{6}{14} - \dfrac{1}{14} =$

⑭ $\dfrac{7}{16} - \dfrac{2}{16} =$

⑮ $\dfrac{7}{19} - \dfrac{6}{19} =$

⑯ $\dfrac{9}{11} - \dfrac{3}{11} =$

⑰ $\dfrac{9}{14} - \dfrac{4}{14} =$

⑱ $\dfrac{6}{13} - \dfrac{5}{13} =$

⑲ $\dfrac{9}{15} - \dfrac{9}{15} =$

⑳ $\dfrac{7}{12} - \dfrac{1}{12} =$

㉑ $\dfrac{9}{18} - \dfrac{5}{18} =$

㉒ $\dfrac{8}{17} - \dfrac{6}{17} =$

㉓ $\dfrac{9}{20} - \dfrac{3}{20} =$

㉔ $\dfrac{5}{21} - \dfrac{5}{21} =$

㉕ $\dfrac{8}{27} - \dfrac{5}{27} =$

㉖ $\dfrac{8}{19} - \dfrac{2}{19} =$

㉗ $\dfrac{6}{22} - \dfrac{3}{22} =$

㉘ $\dfrac{4}{23} - \dfrac{3}{23} =$

㉙ $\dfrac{9}{25} - \dfrac{2}{25} =$

㉚ $\dfrac{13}{14} - \dfrac{2}{14} =$

㉛ $\dfrac{10}{11} - \dfrac{4}{11} =$

㉜ $\dfrac{14}{19} - \dfrac{3}{19} =$

㉝ $\dfrac{15}{16} - \dfrac{9}{16} =$

㉞ $\dfrac{17}{20} - \dfrac{4}{20} =$

㉟ $\dfrac{12}{22} - \dfrac{7}{22} =$

㊱ $\frac{13}{17}-\frac{8}{17}=$

㊲ $\frac{12}{25}-\frac{3}{25}=$

㊳ $\frac{15}{16}-\frac{5}{16}=$

㊴ $\frac{11}{18}-\frac{6}{18}=$

㊵ $\frac{18}{19}-\frac{4}{19}=$

㊶ $\frac{12}{17}-\frac{5}{17}=$

㊷ $\frac{16}{21}-\frac{9}{21}=$

㊸ $\frac{13}{24}-\frac{7}{24}=$

㊹ $\frac{20}{29}-\frac{15}{29}=$

㊺ $\frac{11}{15}-\frac{10}{15}=$

㊻ $\frac{16}{17}-\frac{16}{17}=$

㊼ $\frac{14}{19}-\frac{11}{19}=$

㊽ $\frac{18}{22}-\frac{13}{22}=$

㊾ $\frac{15}{25}-\frac{12}{25}=$

㊿ $\frac{17}{18}-\frac{14}{18}=$

(51) $\frac{21}{23}-\frac{20}{23}=$

(52) $\frac{25}{27}-\frac{22}{27}=$

(53) $\frac{19}{24}-\frac{19}{24}=$

03 1에서 분수를 빼기

1은 (분모)=(분자)인 분수로 나타낼 수 있어.

● 뺄셈을 해 보세요.

❶1을 가분수로 나타내요.

① $1 - \dfrac{1}{2} = \dfrac{2}{2} - \dfrac{1}{2} = \dfrac{1}{2}$

❷ 분모는 그대로 두고 분자끼리 빼요.

② $1 - \dfrac{3}{5} =$

③ $1 - \dfrac{1}{7} =$

④ $1 - \dfrac{4}{6} =$

⑤ $1 - \dfrac{5}{8} =$

⑥ $1 - \dfrac{2}{9} =$

⑦ $1 - \dfrac{1}{11} =$

⑧ $1 - \dfrac{9}{13} =$

⑨ $1 - \dfrac{4}{15} =$

⑩ $1 - \dfrac{4}{16} =$

⑪ $1 - \dfrac{5}{17} =$

⑫ $1 - \dfrac{15}{19} =$

⑬ $1 - \dfrac{6}{18} =$

⑭ $1 - \dfrac{19}{20} =$

⑮ $1 - \dfrac{11}{21} =$

⑯ $1 - \dfrac{8}{23} =$

뭐? 너랑 나랑 같다고?

$\dfrac{6000}{6000}$ $\dfrac{2}{2}$ 왜? 문제 있어?

너희들은 모두 1이야~

04 정해진 수 빼기 빼지는 수의 크기에 따라 계산 결과가 달라져.

● 뺄셈을 해 보세요.

① $\dfrac{2}{6}$ 를 빼 보세요.

$\dfrac{3}{6} - \dfrac{2}{6} = \dfrac{1}{6}$ $\dfrac{4}{6} - \dfrac{2}{6} = \dfrac{2}{6}$ $\dfrac{5}{6}$ _____   1 _____

빼지는 수가 커지면 계산 결과도 커져요.

② $\dfrac{2}{7}$ 를 빼 보세요.

$\dfrac{4}{7}$ _____ $\dfrac{5}{7}$ _____ $\dfrac{6}{7}$ _____   1 _____

③ $\dfrac{3}{8}$ 을 빼 보세요.

$\dfrac{5}{8}$ _____ $\dfrac{6}{8}$ _____ $\dfrac{7}{8}$ _____   1 _____

④ $\dfrac{4}{9}$ 를 빼 보세요.

$\dfrac{6}{9}$ _____ $\dfrac{7}{9}$ _____ $\dfrac{8}{9}$ _____   1 _____

⑤ $\dfrac{5}{11}$ 를 빼 보세요.

$\dfrac{8}{11}$ _____ $\dfrac{9}{11}$ _____ $\dfrac{10}{11}$ _____   1 _____

⑥ $\dfrac{3}{7}$을 빼 보세요.

$\dfrac{6}{7}$ _____ $\dfrac{5}{7}$ _____ $\dfrac{4}{7}$ _____ $\dfrac{3}{7}$ _____

빼지는 수가 작아지면 계산 결과도 작아져요.

⑦ $\dfrac{2}{9}$를 빼 보세요.

$\dfrac{8}{9}$ _____ $\dfrac{7}{9}$ _____ $\dfrac{6}{9}$ _____ $\dfrac{5}{9}$ _____

⑧ $\dfrac{5}{8}$를 빼 보세요.

1 _____ $\dfrac{7}{8}$ _____ $\dfrac{6}{8}$ _____ $\dfrac{5}{8}$ _____

⑨ $\dfrac{4}{10}$를 빼 보세요.

1 _____ $\dfrac{9}{10}$ _____ $\dfrac{8}{10}$ _____ $\dfrac{7}{10}$ _____

⑩ $\dfrac{3}{15}$을 빼 보세요.

1 _____ $\dfrac{14}{15}$ _____ $\dfrac{13}{15}$ _____ $\dfrac{12}{15}$ _____

빼지는 수가 같을 때 빼는 수의 크기만 비교해도 알 수 있어.

05 계산하지 않고 크기 비교하기

● 계산하지 않고 크기를 비교하여 가장 큰 것에 ○표, 가장 작은 것에 △표 하세요.

① $\dfrac{9}{10} - \dfrac{5}{10}$ $\dfrac{9}{10} - \dfrac{3}{10}$ $\dfrac{9}{10} - \dfrac{1}{10}$ $\dfrac{9}{10} - \dfrac{8}{10}$

같은 수에서 ⎡ 큰 수를 뺄수록 계산 결과는 작아져요. $\dfrac{1}{10} < \dfrac{3}{10} < \dfrac{5}{10} < \dfrac{8}{10} \rightarrow \dfrac{9}{10} - \dfrac{1}{10} > \dfrac{9}{10} - \dfrac{3}{10} > \dfrac{9}{10} - \dfrac{5}{10} > \dfrac{9}{10} - \dfrac{8}{10}$
⎣ 작은 수를 뺄수록 계산 결과는 커져요.

② $\dfrac{10}{12} - \dfrac{10}{12}$ $\dfrac{10}{12} - \dfrac{7}{12}$ $\dfrac{10}{12} - \dfrac{3}{12}$ $\dfrac{10}{12} - \dfrac{5}{12}$

③ $\dfrac{18}{19} - \dfrac{8}{19}$ $\dfrac{18}{19} - \dfrac{2}{19}$ $\dfrac{18}{19} - \dfrac{3}{19}$ $\dfrac{18}{19} - \dfrac{15}{19}$

④ $1 - \dfrac{6}{8}$ $1 - \dfrac{7}{8}$ $1 - \dfrac{1}{8}$ $1 - \dfrac{3}{8}$

⑤ $\dfrac{10}{15} - \dfrac{7}{15}$ $\dfrac{13}{15} - \dfrac{7}{15}$ $\dfrac{8}{15} - \dfrac{7}{15}$ $\dfrac{14}{15} - \dfrac{7}{15}$

⑥ $\dfrac{12}{21} - \dfrac{10}{21}$ $\dfrac{18}{21} - \dfrac{10}{21}$ $\dfrac{19}{21} - \dfrac{10}{21}$ $\dfrac{15}{21} - \dfrac{10}{21}$

06 셋 이상의 분수의 덧셈과 뺄셈

분모가 같으면 분자끼리만 차례대로 계산하면 돼.

● 계산해 보세요.

① $\dfrac{4}{5} - \dfrac{1}{5} - \dfrac{1}{5} = \dfrac{4-1-1}{5} = \dfrac{2}{5}$

② $\dfrac{5}{6} - \dfrac{1}{6} - \dfrac{1}{6} =$

③ $\dfrac{6}{7} - \dfrac{1}{7} - \dfrac{1}{7} =$

④ $\dfrac{8}{9} - \dfrac{1}{9} - \dfrac{2}{9} =$

⑤ $\dfrac{7}{8} - \dfrac{1}{8} - \dfrac{2}{8} =$

⑥ $\dfrac{6}{7} - \dfrac{2}{7} - \dfrac{3}{7} =$

⑦ $\dfrac{8}{9} - \dfrac{3}{9} - \dfrac{3}{9} =$

⑧ $\dfrac{7}{9} - \dfrac{2}{9} - \dfrac{4}{9} =$

⑨ $1 - \dfrac{1}{4} - \dfrac{1}{4} =$

⑩ $1 - \dfrac{1}{6} - \dfrac{2}{6} =$

⑪ $1 - \dfrac{2}{9} - \dfrac{3}{9} =$

분자만 빼면 많은 분수도 한꺼번에 뺄 수 있다.

$\dfrac{6}{7} - \dfrac{1}{7} - \dfrac{2}{7} - \dfrac{1}{7}$

$= \dfrac{6-1-2-1}{7}$

분모가 같아서 그런 거야.

⑫ $1 - \dfrac{3}{8} - \dfrac{4}{8} =$

⑬ $\dfrac{3}{4} - \dfrac{1}{4} + \dfrac{3}{4} =$

⑭ $\dfrac{4}{5} - \dfrac{2}{5} + \dfrac{3}{5} =$

⑮ $\dfrac{5}{6} - \dfrac{3}{6} + \dfrac{4}{6} =$

⑯ $\dfrac{7}{9} - \dfrac{5}{9} + \dfrac{8}{9} =$

⑰ $\dfrac{2}{7} + \dfrac{3}{7} - \dfrac{5}{7} =$

⑱ $\dfrac{6}{8} + \dfrac{1}{8} - \dfrac{3}{8} =$

⑲ $\dfrac{3}{6} + \dfrac{2}{6} - \dfrac{4}{6} =$

⑳ $\dfrac{5}{9} + \dfrac{3}{9} - \dfrac{4}{9} =$

㉑ $\dfrac{6}{7} - \dfrac{1}{7} - \dfrac{2}{7} - \dfrac{3}{7} =$

㉒ $\dfrac{9}{10} - \dfrac{1}{10} - \dfrac{2}{10} - \dfrac{3}{10} =$

㉓ $\dfrac{6}{8} - \dfrac{1}{8} - \dfrac{1}{8} - \dfrac{2}{8} =$

㉔ $\dfrac{7}{9} - \dfrac{2}{9} - \dfrac{1}{9} - \dfrac{2}{9} =$

㉕ $1 - \dfrac{2}{7} - \dfrac{2}{7} - \dfrac{2}{7} =$

㉖ $1 - \dfrac{1}{8} - \dfrac{2}{8} - \dfrac{3}{8}$

식이 달라도 계산 결과가 같은 이유가 뭘까?

07 다르면서 같은 뺄셈

● 뺄셈을 해 보세요.

① $\dfrac{4}{7} - \dfrac{2}{7} = \dfrac{2}{7}$

   $\dfrac{5}{7} - \dfrac{3}{7} = \dfrac{2}{7}$

   $\dfrac{6}{7} - \dfrac{4}{7} = \dfrac{2}{7}$

   커지는 만큼 커져요.

② $\dfrac{5}{8} - \dfrac{2}{8} =$

   $\dfrac{6}{8} - \dfrac{3}{8} =$

   $\dfrac{7}{8} - \dfrac{4}{8} =$

③ $\dfrac{4}{9} - \dfrac{1}{9} =$

   $\dfrac{6}{9} - \dfrac{3}{9} =$

   $\dfrac{8}{9} - \dfrac{5}{9} =$

④ $\dfrac{5}{11} - \dfrac{1}{11} =$

   $\dfrac{7}{11} - \dfrac{3}{11} =$

   $\dfrac{9}{11} - \dfrac{5}{11} =$

⑤ $\dfrac{7}{10} - \dfrac{4}{10} =$

   $\dfrac{8}{10} - \dfrac{5}{10} =$

   $\dfrac{9}{10} - \boxed{} = \dfrac{3}{10}$

⑥ $\dfrac{10}{16} - \dfrac{1}{16} =$

   $\dfrac{12}{16} - \dfrac{3}{16} =$

   $\dfrac{14}{16} - \boxed{} = \dfrac{9}{16}$

⑦　$\dfrac{13}{15} - \dfrac{10}{15} =$

　　$\dfrac{12}{15} - \dfrac{9}{15} =$

　　$\dfrac{11}{15} - \dfrac{8}{15} =$

작아지는
만큼　작아져요.

⑧　$\dfrac{18}{20} - \dfrac{6}{20} =$

　　$\dfrac{17}{20} - \dfrac{5}{20} =$

　　$\dfrac{16}{20} - \dfrac{4}{20} =$

⑨　$\dfrac{12}{22} - \dfrac{6}{22} =$

　　$\dfrac{10}{22} - \dfrac{4}{22} =$

　　$\dfrac{8}{22} - \dfrac{2}{22} =$

⑩　$\dfrac{15}{25} - \dfrac{8}{25} =$

　　$\dfrac{13}{25} - \dfrac{6}{25} =$

　　$\dfrac{11}{25} - \dfrac{4}{25} =$

⑪　$\dfrac{23}{28} - \dfrac{13}{28} =$

　　$\dfrac{22}{28} - \dfrac{12}{28} =$

　　$\dfrac{21}{28} - \boxed{} = \dfrac{10}{28}$

⑫　$\dfrac{29}{30} - \dfrac{15}{30} =$

　　$\dfrac{27}{30} - \dfrac{13}{30} =$

　　$\dfrac{25}{30} - \boxed{} = \dfrac{14}{30}$

계산 결과가 0이 되려면 모두 빼야 해.

08 0이 되는 식 만들기

● 계산 결과가 0이 되도록 □ 안에 알맞은 분수를 써 보세요.

① $\dfrac{5}{6} - \boxed{\dfrac{5}{6}} = 0$

$\dfrac{5}{6}$에서 $\dfrac{5}{6}$를 빼면 0이에요.

② $\dfrac{7}{8} - \boxed{} = 0$

③ $\dfrac{3}{7} - \boxed{} = 0$

④ $\boxed{} - \dfrac{3}{4} = 0$

⑤ $\boxed{} - \dfrac{5}{7} = 0$

⑥ $\boxed{} - \dfrac{2}{15} = 0$

⑦ $\dfrac{10}{14} - \dfrac{2}{14} - \boxed{} = 0$

⑧ $\dfrac{15}{19} - \dfrac{8}{19} - \boxed{} = 0$

⑨ $1 - \dfrac{4}{15} - \boxed{} = 0$

⑩ $\boxed{} - \dfrac{1}{6} - \dfrac{4}{6} = 0$

⑪ $\boxed{} - \dfrac{3}{8} - \dfrac{2}{8} = 0$

⑫ $\boxed{} - \dfrac{4}{13} - \dfrac{5}{13} = 0$

'='의 왼쪽에 있는 분수를 **두 수의 차**라고 생각해 봐.

09 분수를 뺄셈식으로 나타내기

● □ 안에 알맞은 수를 써 보세요. (단, 답은 여러 가지가 될 수 있습니다.)

① $\dfrac{1}{5} = \dfrac{\boxed{4}}{5} - \dfrac{\boxed{3}}{5}$ <예> 분자끼리의 차가 1이 되는 두 수를 써요. $\dfrac{3}{5} - \dfrac{2}{5}$ 도 답이 될 수 있어요.

② $\dfrac{2}{6} = \dfrac{\boxed{}}{6} - \dfrac{\boxed{}}{6}$

③ $\dfrac{3}{7} = \dfrac{\boxed{}}{7} - \dfrac{\boxed{}}{7}$

④ $\dfrac{4}{9} = \dfrac{\boxed{}}{9} - \dfrac{\boxed{}}{9}$

⑤ $\dfrac{5}{8} = \dfrac{\boxed{}}{8} - \dfrac{\boxed{}}{8}$

⑥ $\dfrac{3}{10} = \dfrac{\boxed{}}{10} - \dfrac{\boxed{}}{10}$

⑦ $\dfrac{3}{5} = \dfrac{\boxed{}}{5} - \dfrac{\boxed{}}{5}$

⑧ $\dfrac{1}{6} = \dfrac{\boxed{}}{6} - \dfrac{\boxed{}}{6}$

⑨ $\dfrac{2}{7} = \dfrac{\boxed{}}{7} - \dfrac{\boxed{}}{7}$

⑩ $\dfrac{2}{8} = \dfrac{\boxed{}}{8} - \dfrac{\boxed{}}{8}$

⑪ $\dfrac{1}{12} = \dfrac{\boxed{}}{12} - \dfrac{\boxed{}}{12}$

⑫ $\dfrac{3}{13} = \dfrac{\boxed{}}{13} - \dfrac{\boxed{}}{13}$

⑬ $\dfrac{2}{15} = \dfrac{\boxed{}}{15} - \dfrac{\boxed{}}{15}$

⑭ $\dfrac{4}{16} = \dfrac{\boxed{}}{16} - \dfrac{\boxed{}}{16}$

4 분모가 같은 대분수의 뺄셈

자연수는 자연수끼리, 분수는 분수끼리 빼.

$$3\frac{2}{5} - 1\frac{4}{5}$$

$\frac{2}{5}$에서 $\frac{4}{5}$를 뺄 수 없으니까 3에서 1만큼을 분수로 만들어.

$$= 2\frac{7}{5} - 1\frac{4}{5}$$

$$= (2 - 1) + \left(\frac{7}{5} - \frac{4}{5}\right)$$

$$= 1 + \frac{3}{5}$$

$$= 1\frac{3}{5}$$

자연수는 자연수끼리, 분수는 분수끼리 빼.

지우고 **남은 부분**이 **전체의 얼마인지** 분수로 **나타내 봐.**

01 지워서 차 구하기

● 빼는 분수만큼 X표로 지우고 남은 부분을 분수로 나타내 보세요.

① 예

❶ $\frac{1}{4}$ 만큼 X표 해요.

❷ 남은 부분은 전체의 $1\frac{2}{4}$ 예요.

$1\frac{3}{4} - \frac{1}{4} = 1\frac{2}{4}$ ❸ 남은 부분을 분수로 써요.

②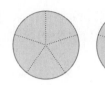

$1\frac{3}{5} - \frac{2}{5} = $ _____

③

$2\frac{2}{3} - 1\frac{1}{3} = $ _____

④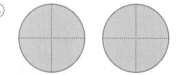

$2\frac{3}{4} - 1\frac{1}{4} = $ _____

⑤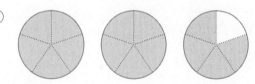

$2\frac{4}{5} - 1\frac{2}{5} = $ _____

⑥

$2\frac{3}{5} - 1 = $ _____

⑦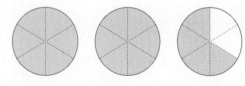

$2\frac{4}{6} - 1\frac{3}{6} = $ _____

⑧

$2\frac{7}{8} - 2\frac{5}{8} = $ _____

자연수끼리, 분수끼리 **뺀** 다음 더해.

02 내림이 없는 분수의 뺄셈

● 뺄셈을 해 보세요.

① $2\dfrac{2}{3} - 1\dfrac{1}{3} = (2-1) + \left(\dfrac{2}{3} - \dfrac{1}{3}\right) = 1\dfrac{1}{3}$

자연수는   분수는 분수끼리 빼요.
자연수끼리

② $3\dfrac{3}{4} - 2\dfrac{2}{4} =$

③ $3\dfrac{5}{7} - 3\dfrac{2}{7} =$

④ $4\dfrac{3}{5} - 1\dfrac{2}{5} =$

⑤ $7\dfrac{1}{2} - 4\dfrac{1}{2} =$

⑥ $5\dfrac{4}{9} - 4\dfrac{1}{9} =$

⑦ $6\dfrac{8}{11} - 2\dfrac{4}{11} =$

⑧ $7\dfrac{7}{8} - 5\dfrac{3}{8} =$

⑨ $5\dfrac{8}{14} - 1\dfrac{3}{14} =$

⑩ $6\dfrac{9}{12} - 3\dfrac{8}{12} =$

⑪ $4\dfrac{6}{15} - 2\dfrac{4}{15} =$

⑫ $8\dfrac{8}{10} - 3\dfrac{7}{10} =$

⑬ $9\dfrac{9}{18} - 4\dfrac{3}{18} =$

⑭ $6\dfrac{7}{20} - 4\dfrac{6}{20} =$

⑮ $6\dfrac{11}{13} - 3\dfrac{8}{13} =$

⑯ $3\dfrac{4}{22} - 3\dfrac{4}{22} =$

⑰ $4\dfrac{15}{17} - 2\dfrac{3}{17} =$

⑱ $9\dfrac{15}{16} - 4\dfrac{6}{16} =$

⑲ $7\dfrac{13}{14} - 1\dfrac{3}{14} =$

⑳ $9\dfrac{13}{15} - 2\dfrac{7}{15} =$

㉑ $8\dfrac{12}{13} - 5\dfrac{10}{13} =$

㉒ $7\dfrac{15}{16} - 3\dfrac{14}{16} =$

㉓ $5\dfrac{18}{25} - 4\dfrac{4}{25} =$

㉔ $8\dfrac{18}{21} - 7\dfrac{9}{21} =$

㉕ $1\dfrac{16}{19} - 1\dfrac{15}{19} =$

㉖ $9\dfrac{19}{24} - 2\dfrac{12}{24} =$

㉗ $3\dfrac{17}{26} - 3\dfrac{17}{26} =$

㉘ $9\dfrac{24}{28} - 6\dfrac{17}{28} =$

㉙ $5\dfrac{1}{2} - 3 =$

㉚ $4\dfrac{1}{3} - 3 =$

㉛ $7\dfrac{4}{11} - 6 =$

㉜ $7\dfrac{5}{6} - 1 =$

㉝ $4\dfrac{11}{12} - 2 =$

㉞ $9\dfrac{6}{7} - 9 =$

㉟ $4\dfrac{5}{18} - 3 =$

㊱ $7\dfrac{15}{17} - 5 =$

분자끼리 뺄 수 없을 땐 대분수의 분수 부분을 가분수로 바꿔 봐.

03 내림이 있는 분수의 뺄셈(1)

● 자연수 부분에서 1을 내림하여 뺄셈을 해 보세요.

① ❶ 분자끼리 뺄 수 없으니까

$$2\frac{1}{4} - \frac{2}{4} = 1\boxed{\frac{5}{4}} - \frac{2}{4} = \boxed{1\frac{3}{4}}$$

❷ 자연수에서 1만큼을 $\frac{4}{4}$ 로 바꿔요.

② $$2\frac{2}{5} - \frac{4}{5} = 1\frac{\boxed{}}{5} - \frac{4}{5} = \boxed{}$$

③ $$4\frac{1}{6} - \frac{5}{6} = 3\frac{\boxed{}}{6} - \frac{5}{6} = \boxed{}$$

④ $$3\frac{3}{8} - \frac{6}{8} = 2\frac{\boxed{}}{8} - \frac{6}{8} = \boxed{}$$

⑤ $$2\frac{3}{7} - 1\frac{6}{7} = 1\frac{\boxed{}}{7} - 1\frac{6}{7} = \boxed{}$$

⑥ $$4\frac{1}{9} - 2\frac{4}{9} = 3\frac{\boxed{}}{9} - 2\frac{4}{9} = \boxed{}$$

⑦ $$4\frac{4}{8} - 3\frac{5}{8} = 3\frac{\boxed{}}{8} - 3\frac{5}{8} = \boxed{}$$

⑧ $$4\frac{2}{8} - 1\frac{7}{8} = 3\frac{\boxed{}}{8} - 1\frac{7}{8} = \boxed{}$$

⑨ $$5\frac{1}{6} - 4\frac{3}{6} = 4\frac{\boxed{}}{6} - 4\frac{3}{6} = \boxed{}$$

⑩ $$6\frac{3}{9} - 4\frac{4}{9} = 5\frac{\boxed{}}{9} - 4\frac{4}{9} = \boxed{}$$

⑪ $$6\frac{5}{9} - 4\frac{6}{9} = 5\frac{\boxed{}}{9} - 4\frac{6}{9} = \boxed{}$$

⑫ $$7\frac{3}{8} - 6\frac{5}{8} = 6\frac{\boxed{}}{8} - 6\frac{5}{8} = \boxed{}$$

❶ 자연수에서 분수를 뺄 수 없으니까

⑬ $3 - 1\dfrac{2}{5} = 2\dfrac{\square}{5} - 1\dfrac{2}{5} = \boxed{}$

⑭ $3 - 1\dfrac{4}{8} = 2\dfrac{\square}{8} - 1\dfrac{4}{8} = \boxed{}$

❷ 자연수에서 1만큼을 $\dfrac{5}{5}$ 로 바꿔요.

⑮ $4 - 3\dfrac{3}{7} = 3\dfrac{\square}{7} - 3\dfrac{3}{7} = \boxed{}$

⑯ $5 - 3\dfrac{6}{7} = 4\dfrac{\square}{7} - 3\dfrac{6}{7} = \boxed{}$

⑰ $6 - 5\dfrac{3}{11} = 5\dfrac{\square}{11} - 5\dfrac{3}{11} = \boxed{}$

⑱ $6 - 4\dfrac{1}{6} = 5\dfrac{\square}{6} - 4\dfrac{1}{6} = \boxed{}$

⑲ $5 - 4\dfrac{5}{12} = 4\dfrac{\square}{12} - 4\dfrac{5}{12} = \boxed{}$

⑳ $4 - 1\dfrac{3}{8} = 3\dfrac{\square}{8} - 1\dfrac{3}{8} = \boxed{}$

㉑ $6 - 5\dfrac{1}{9} = 5\dfrac{\square}{9} - 5\dfrac{1}{9} = \boxed{}$

㉒ $7 - 3\dfrac{4}{5} = 6\dfrac{\square}{5} - 3\dfrac{4}{5} = \boxed{}$

㉓ $4 - 3\dfrac{5}{6} = 3\dfrac{\square}{6} - 3\dfrac{5}{6} = \boxed{}$

㉔ $6 - 1\dfrac{9}{11} = 5\dfrac{\square}{11} - 1\dfrac{9}{11} = \boxed{}$

뺄셈의 원리

04 내림이 있는 분수의 뺄셈(2)

● 뺄셈을 해 보세요.

② 자연수는 자연수끼리,
분수는 분수끼리 빼요.

① $3 - \dfrac{3}{4} = 2\dfrac{4}{4} - \dfrac{3}{4} = 2\dfrac{1}{4}$

① 자연수에서 1만큼을 $\dfrac{4}{4}$ 로 바꿔요.

② $4 - 2\dfrac{1}{3} =$

③ $4 - 2\dfrac{1}{2} =$

④ $2 - 1\dfrac{1}{7} =$

⑤ $5 - 2\dfrac{4}{5} =$

⑥ $3 - 2\dfrac{5}{7} =$

⑦ $6 - 3\dfrac{5}{8} =$

⑧ $8 - 5\dfrac{1}{9} =$

⑨ $4 - 1\dfrac{7}{10} =$

⑩ $5 - 2\dfrac{6}{11} =$

⑪ $6 - 3\dfrac{9}{15} =$

⑫ $7 - 1\dfrac{1}{12} =$

⑬ $5 - 4\dfrac{4}{17} =$

⑭ $3 - 2\dfrac{5}{13} =$

⑮ $6 - 2\dfrac{12}{14} =$

⑯ $5 - 3\dfrac{8}{15} =$

⑰ $7 - 3\dfrac{17}{19} =$

⑱ $8 - 4\dfrac{12}{25} =$

❷ 자연수는 자연수끼리, 분수는 분수끼리 빼요.

⑲ $5\dfrac{1}{4} - 2\dfrac{3}{4} = 4\dfrac{5}{4} - 2\dfrac{3}{4} = 2\dfrac{2}{4}$

❶ 자연수에서 1만큼을 $\dfrac{4}{4}$ 로 바꿔요.

⑳ $7\dfrac{1}{6} - 1\dfrac{5}{6} =$

㉑ $6\dfrac{2}{8} - 2\dfrac{7}{8} =$

㉒ $4\dfrac{5}{12} - 3\dfrac{8}{12} =$

㉓ $6\dfrac{7}{15} - 4\dfrac{8}{15} =$

㉔ $9\dfrac{8}{14} - 1\dfrac{9}{14} =$

㉕ $6\dfrac{4}{11} - 3\dfrac{5}{11} =$

㉖ $7\dfrac{3}{16} - 2\dfrac{7}{16} =$

㉗ $7\dfrac{7}{19} - 4\dfrac{8}{19} =$

㉘ $7\dfrac{3}{13} - 5\dfrac{8}{13} =$

㉙ $6\dfrac{8}{22} - 1\dfrac{11}{22} =$

㉚ $4\dfrac{7}{23} - 3\dfrac{9}{23} =$

㉛ $5\dfrac{4}{24} - 2\dfrac{12}{24} =$

㉜ $5\dfrac{14}{17} - 2\dfrac{15}{17} =$

㉝ $6\dfrac{10}{18} - 3\dfrac{15}{18} =$

㉞ $7\dfrac{17}{25} - 4\dfrac{23}{25} =$

㉟ $9\dfrac{8}{26} - 8\dfrac{25}{26} =$

㊱ $8\dfrac{11}{28} - 5\dfrac{21}{28} =$

05 정해진 수 빼기

같은 수를 빼더라도
빼지는 수의 크기에 따라 계산 결과가 달라져.

● 뺄셈을 해 보세요.

① $\dfrac{3}{5}$을 빼 보세요. ❶ 빼는 수가 같으므로

$$1\dfrac{4}{5} - \dfrac{3}{5} = 1\dfrac{1}{5} \qquad 1\dfrac{3}{5} - \dfrac{3}{5} = 1 \qquad 1\dfrac{2}{5} \underline{\qquad} \qquad 1\dfrac{1}{5} \underline{\qquad}$$

❷ 빼지는 수의 분자가 1씩 작아지면 계산 결과의 분자도 1씩 작아져요.

② $\dfrac{1}{6}$을 빼 보세요.

$$1\dfrac{3}{6} \underline{\qquad} \qquad 1\dfrac{2}{6} \underline{\qquad} \qquad 1\dfrac{1}{6} \underline{\qquad} \qquad 1 \underline{\qquad}$$

③ $\dfrac{4}{5}$를 빼 보세요.

$$1\dfrac{4}{5} \underline{\qquad} \qquad 1\dfrac{3}{5} \underline{\qquad} \qquad 1\dfrac{2}{5} \underline{\qquad} \qquad 1\dfrac{1}{5} \underline{\qquad}$$

④ $\dfrac{3}{4}$을 빼 보세요.

$$2\dfrac{3}{4} \underline{\qquad} \qquad 2\dfrac{2}{4} \underline{\qquad} \qquad 2\dfrac{1}{4} \underline{\qquad} \qquad 2 \underline{\qquad}$$

⑤ $2\dfrac{3}{7}$을 빼 보세요.

$$4\dfrac{4}{7} \underline{\qquad} \qquad 4\dfrac{3}{7} \underline{\qquad} \qquad 4\dfrac{2}{7} \underline{\qquad} \qquad 4\dfrac{1}{7} \underline{\qquad}$$

⑥ $1\dfrac{2}{5}$ 를 빼 보세요. ❶ 빼는 수가 같으므로

$2\dfrac{1}{5}$ _____ $2\dfrac{2}{5}$ _____ $2\dfrac{3}{5}$ _____ $2\dfrac{4}{5}$ _____

❷ 빼지는 수의 분자가 1씩 커지면 계산 결과의 분자는 어떻게 될까요?

⑦ $3\dfrac{5}{9}$ 를 빼 보세요.

$6\dfrac{3}{9}$ _____ $6\dfrac{4}{9}$ _____ $6\dfrac{5}{9}$ _____ $6\dfrac{6}{9}$ _____

⑧ $1\dfrac{2}{4}$ 를 빼 보세요.

2 _____ $2\dfrac{1}{4}$ _____ $2\dfrac{2}{4}$ _____ $2\dfrac{3}{4}$ _____

⑨ $2\dfrac{4}{6}$ 를 빼 보세요.

3 _____ $3\dfrac{1}{6}$ _____ $3\dfrac{2}{6}$ _____ $3\dfrac{3}{6}$ _____

⑩ $2\dfrac{5}{7}$ 를 빼 보세요.

$3\dfrac{6}{7}$ _____ 4 _____ $4\dfrac{1}{7}$ _____ $4\dfrac{2}{7}$ _____

06 여러 가지 분수 빼기

빼는 수의 크기에 따라
계산 결과가 어떻게 달라지는지 살펴봐.

● 뺄셈을 해 보세요.

① $2\frac{1}{3}$ − $\frac{1}{3}$ = 2

$\frac{2}{3}$ $1\frac{2}{3}$

1 $1\frac{1}{3}$

빼는 수가 커지면   계산 결과는 작아져요.

② $2\frac{3}{5}$ − $\frac{1}{5}$ =

$\frac{2}{5}$

$\frac{3}{5}$

③ $3\frac{1}{4}$ − $1\frac{2}{4}$ =

$1\frac{3}{4}$

2

④ $3\frac{2}{9}$ − $2\frac{3}{9}$ =

$2\frac{5}{9}$

$2\frac{7}{9}$

⑤ $4\frac{1}{11}$ − $3\frac{2}{11}$ =

$3\frac{4}{11}$

$3\frac{6}{11}$

⑥ 3 − $2\frac{1}{9}$ =

$2\frac{2}{9}$

$2\frac{3}{9}$

⑦ $2\dfrac{3}{4}$ − $\begin{array}{c} 1\dfrac{2}{4} \\ 1\dfrac{1}{4} \\ 1 \end{array}$ =

빼는 수가
작아지면

계산 결과는
어떻게 될까요?

⑧ $2\dfrac{4}{6}$ − $\begin{array}{c} 1 \\ \dfrac{5}{6} \\ \dfrac{4}{6} \end{array}$ =

⑨ $4\dfrac{5}{9}$ − $\begin{array}{c} 3\dfrac{8}{9} \\ 3\dfrac{6}{9} \\ 3\dfrac{4}{9} \end{array}$ =

⑩ $3\dfrac{1}{3}$ − $\begin{array}{c} 2\dfrac{2}{3} \\ 2 \\ 1\dfrac{1}{3} \end{array}$ =

⑪ $3\dfrac{3}{8}$ − $\begin{array}{c} 2\dfrac{5}{8} \\ 2\dfrac{2}{8} \\ 1\dfrac{7}{8} \end{array}$ =

⑫ 4 − $\begin{array}{c} 2\dfrac{9}{10} \\ 2\dfrac{7}{10} \\ 2\dfrac{5}{10} \end{array}$ =

수의 크기만 **살펴봐도 알 수 있어.**

07 계산하지 않고 크기 비교하기

● 계산하지 않고 크기를 비교하여 ○ 안에 >, <를 써 보세요.

① $2\frac{1}{4} \boxed{-\frac{1}{4}} \; \boxed{>} \; 2\frac{1}{4} \boxed{-\frac{3}{4}}$

같은 수에서 큰 수를 뺀 쪽이 더 작아요.

② $1\frac{1}{6} - \frac{3}{6} \; \bigcirc \; 1\frac{1}{6} - \frac{1}{6}$

③ $2\frac{3}{7} - \frac{3}{7} \; \bigcirc \; 2\frac{3}{7} - \frac{5}{7}$

④ $2\frac{5}{8} - \frac{7}{8} \; \bigcirc \; 2\frac{5}{8} - \frac{5}{8}$

⑤ $2\frac{2}{5} - 1\frac{1}{5} \; \bigcirc \; 2\frac{2}{5} - 1\frac{4}{5}$

⑥ $2\frac{2}{6} - 1\frac{5}{6} \; \bigcirc \; 2\frac{2}{6} - 1\frac{1}{6}$

⑦ $2\frac{4}{7} - 1\frac{2}{7} \; \bigcirc \; 2\frac{4}{7} - 1\frac{1}{7}$

⑧ $2\frac{1}{8} - 1\frac{3}{8} \; \bigcirc \; 2\frac{3}{8} - 1\frac{3}{8}$

⑨ $2\frac{8}{10} - 1\frac{6}{10} \; \bigcirc \; 2\frac{4}{10} - 1\frac{6}{10}$

⑩ $1\frac{8}{9} - \frac{5}{9} \; \bigcirc \; 1\frac{2}{9} - \frac{5}{9}$

⑪ $2\frac{6}{14} - 1\frac{7}{14} \; \bigcirc \; 2\frac{3}{14} - 1\frac{7}{14}$

⑫ $1\frac{4}{15} - 1\frac{1}{15} \; \bigcirc \; 2\frac{1}{15} - 1\frac{1}{15}$

⑬ $\frac{5}{13} - \frac{2}{13} \; \bigcirc \; 1\frac{8}{13} - \frac{2}{13}$

⑭ $2\frac{7}{16} - 1\frac{5}{16} \; \bigcirc \; 1\frac{9}{16} - 1\frac{5}{16}$

08 셋 이상의 분수의 덧셈과 뺄셈

 세 수의 계산은 두 수의 계산을 연달아 하는 거야.

● 계산해 보세요.

① $2\dfrac{3}{4} - \dfrac{1}{4} - \dfrac{3}{4} = 2\dfrac{2}{4} - \dfrac{3}{4} = 1\dfrac{3}{4}$

앞에서부터 두 수씩 차례로 계산해요.

② $2\dfrac{4}{5} - \dfrac{2}{5} - \dfrac{3}{5} =$

③ $3\dfrac{4}{6} - \dfrac{1}{6} - 2\dfrac{3}{6} =$

④ $3\dfrac{6}{7} - \dfrac{5}{7} - 1\dfrac{1}{7} =$

⑤ $4\dfrac{2}{8} - \dfrac{5}{8} - 2\dfrac{5}{8} =$

⑥ $3\dfrac{1}{9} - \dfrac{5}{9} - 1\dfrac{5}{9} =$

⑦ $2 - 1\dfrac{3}{5} - \dfrac{1}{5} =$

⑧ $4 - \dfrac{3}{6} - 2\dfrac{1}{6} =$

⑨ $4 - 1\dfrac{1}{7} - \dfrac{5}{7} =$

⑩ $3 - 1\dfrac{5}{8} - \dfrac{1}{8} =$

⑪ $5 - 2\dfrac{5}{9} - 1\dfrac{4}{9} =$

⑫ $6 - 2\dfrac{4}{11} - 1\dfrac{7}{11} =$

⑬ $2\dfrac{3}{9} - 1\dfrac{5}{9} + 1\dfrac{5}{9} =$

⑭ $3\dfrac{1}{5} - 1\dfrac{3}{5} + 1\dfrac{2}{5} =$

⑮ $4\dfrac{2}{7} - 1\dfrac{4}{7} + 2\dfrac{3}{7} =$

⑯ $3\dfrac{1}{8} - \dfrac{5}{8} + 1\dfrac{3}{8} =$

⑰ $2\dfrac{7}{12} + 2 - 1\dfrac{9}{12} =$

⑱ $5 + 1\dfrac{6}{15} - 6\dfrac{6}{15} =$

⑲ $4\dfrac{5}{10} + 1 - 3\dfrac{8}{10} =$

⑳ $3 + 1\dfrac{2}{7} - 2\dfrac{5}{7} =$

㉑ $2 - \dfrac{3}{4} + 1\dfrac{3}{4} - \dfrac{1}{4} =$

㉒ $1 - \dfrac{8}{9} + 2\dfrac{7}{9} - 1\dfrac{1}{9} =$

㉓ $4 - 1\dfrac{2}{7} + \dfrac{5}{7} - 2\dfrac{4}{7} =$

㉔ $5 - \dfrac{3}{6} + 1\dfrac{1}{6} - 2\dfrac{5}{6}$

09 검산하기

뺀 수를 다시 더해서 처음 수가 나오면 정답!

● 뺀 수를 다시 더해서 계산이 맞았는지 알아보세요.

① $2\dfrac{1}{5} - 1\dfrac{3}{5} = \dfrac{3}{5}$

$\downarrow$

$1\dfrac{3}{5} + \dfrac{3}{5} = \boxed{2\dfrac{1}{5}}$ 처음 수가 되었으니까 맞게 계산한 거예요.

② $3\dfrac{1}{6} - 1\dfrac{5}{6} = $ _____

$\downarrow$

$1\dfrac{5}{6} + $ _____ $ = $ _____

③ $3\dfrac{2}{8} - 2 = $ _____

$\downarrow$

$2 + $ _____ $ = $ _____

④ $4\dfrac{2}{7} - 2\dfrac{5}{7} = $ _____

$\downarrow$

$2\dfrac{5}{7} + $ _____ $ = $ _____

⑤ $6\dfrac{4}{13} - 3\dfrac{8}{13} = $ _____

$\downarrow$

$3\dfrac{8}{13} + $ _____ $ = $ _____

⑥ $4\dfrac{9}{11} - 3\dfrac{9}{11} = $ _____

$\downarrow$

$3\dfrac{9}{11} + $ _____ $ = $ _____

⑦ $4 - 1\dfrac{1}{3} = $ _____

$\downarrow$

$1\dfrac{1}{3} + $ _____ $ = $ _____

⑧ $8 - 6\dfrac{7}{12} = $ _____

$\downarrow$

$6\dfrac{7}{12} + $ _____ $ = $ _____

⑨ $8\dfrac{4}{9} - 3\dfrac{8}{9} =$ _____

↓

$3\dfrac{8}{9} +$ _____ $=$ _____

⑩ $3\dfrac{5}{15} - 1\dfrac{14}{15} =$ _____

↓

$1\dfrac{14}{15} +$ _____ $=$ _____

⑪ $5\dfrac{3}{10} - 3\dfrac{7}{10} =$ _____

↓

$3\dfrac{7}{10} +$ _____ $=$ _____

⑫ $4\dfrac{6}{17} - 2\dfrac{8}{17} =$ _____

↓

$2\dfrac{8}{17} +$ _____ $=$ _____

⑬ $5\dfrac{4}{21} - 4\dfrac{6}{21} =$ _____

↓

$4\dfrac{6}{21} +$ _____ $=$ _____

⑭ $9\dfrac{2}{14} - 3\dfrac{9}{14} =$ _____

↓

$3\dfrac{9}{14} +$ _____ $=$ _____

⑮ $7 - 5\dfrac{18}{25} =$ _____

↓

$5\dfrac{18}{25} +$ _____ $=$ _____

⑯ $10 - 6\dfrac{18}{19} =$ _____

↓

$6\dfrac{18}{19} +$ _____ $=$ _____

10 내가 만드는 알파벳 빼셈

알파벳은 수를 대신하는 기호야.

● 알파벳이 나타내는 수가 다음과 같을 때, 분수를 골라 계산해 보세요. (단, 답은 여러 가지가 될 수 있습니다.)

①

A: $1\frac{1}{9}$, $1\frac{2}{9}$, $1\frac{3}{9}$, $1\frac{4}{9}$　　　B: $\frac{1}{9}$, $\frac{3}{9}$, $\frac{5}{9}$, $\frac{7}{9}$

C: $\frac{2}{9}$, $\frac{4}{9}$, $\frac{6}{9}$, $\frac{8}{9}$　　　D: 2, 3, 4, 5

A와 B에서 각각 수를 골라 계산해요.

A-B= 　예) $1\frac{2}{9} - \frac{3}{9} = \frac{8}{9}$　　　　　A-C=＿＿＿＿＿＿＿

큰 수에서 작은 수를 빼요.

B-C=＿＿＿＿＿＿＿　　　　　D-A=＿＿＿＿＿＿＿

D-B=＿＿＿＿＿＿＿　　　　　D-C=＿＿＿＿＿＿＿

②

A: $3\frac{1}{11}$, $3\frac{2}{11}$, $3\frac{3}{11}$, $3\frac{4}{11}$, $3\frac{5}{11}$　B: $\frac{1}{11}$, $\frac{3}{11}$, $\frac{5}{11}$, $\frac{7}{11}$, $\frac{9}{11}$

C: $\frac{2}{11}$, $\frac{4}{11}$, $\frac{6}{11}$, $\frac{8}{11}$, $\frac{10}{11}$　　D: 4, 5, 6, 7, 8

A-B=＿＿＿＿＿＿＿　　　　　A-C=＿＿＿＿＿＿＿

B-C=＿＿＿＿＿＿＿　　　　　D-A=＿＿＿＿＿＿＿

D-B=＿＿＿＿＿＿＿　　　　　D-C=＿＿＿＿＿＿＿

자연수끼리, 분수끼리의 계산을 생각해서 차가 얼마쯤인지 어림해 봐.

11 계산 결과 어림하기

● 계산 결과가 ◯ 안의 수보다 작은 것을 모두 찾아 ◯표 하세요.

① **2**

$\left(3\dfrac{3}{5} - 2\dfrac{1}{5}\right)$ $3\dfrac{4}{5} - 1\dfrac{2}{5}$ $\left(4\dfrac{1}{5} - 2\dfrac{2}{5}\right)$ $2\dfrac{3}{5} - \dfrac{2}{5}$

자연수끼리의 차가 1이므로
계산 결과는 2보다 작아요.

자연수를 분수로 바꾸어 계산해야 하므로
계산 결과는 2보다 작아요.

② **3**

$4\dfrac{5}{7} - 1\dfrac{1}{7}$ $5\dfrac{4}{7} - 3\dfrac{2}{7}$ $7\dfrac{4}{7} - 4\dfrac{2}{7}$ $6\dfrac{1}{7} - 3\dfrac{3}{7}$

③ **4**

$8\dfrac{6}{8} - 4\dfrac{1}{8}$ $7\dfrac{5}{8} - 4\dfrac{2}{8}$ $4\dfrac{7}{8} - \dfrac{5}{8}$ $5\dfrac{3}{8} - 1\dfrac{5}{8}$

④ **5**

$7\dfrac{7}{10} - 3\dfrac{3}{10}$ $5\dfrac{4}{10} - \dfrac{2}{10}$ $9\dfrac{2}{10} - 4\dfrac{7}{10}$ $6\dfrac{5}{10} - 1\dfrac{4}{10}$

⑤ **6**

$9\dfrac{7}{12} - 3\dfrac{2}{12}$ $7\dfrac{3}{12} - 1\dfrac{7}{12}$ $6\dfrac{1}{12} - \dfrac{5}{12}$ $10\dfrac{11}{12} - 4\dfrac{4}{12}$

⑥ **7**

$10\dfrac{9}{15} - 3\dfrac{11}{15}$ $8\dfrac{6}{15} - 1\dfrac{3}{15}$ $7\dfrac{4}{15} - \dfrac{1}{15}$ $9\dfrac{2}{15} - 2\dfrac{3}{15}$

+5 자릿수가 같은 소수의 덧셈

자리별로 더하고 소수점을 찍어.

● 0.3 + 0.5

$$
\begin{array}{r}
0.3 \\
+\ 0.5 \\
\hline
0.8
\end{array}
$$

"자연수의 덧셈처럼 계산한 다음
결과에 반드시 소수점을 찍어야 해."

● 0.25 + 0.46

$$
\begin{array}{r}
\overset{1}{0.2}5 \\
+\ 0.46 \\
\hline
0.71
\end{array}
$$

"자연수의 덧셈처럼
받아올림을 하면 돼."

01 단계에 따라 계산하기

● 자연수의 덧셈을 이용하여 소수의 덧셈을 해 보세요.

①
```
    2          0.2          0.02
 +  3       +  0.3       +  0.03
 ───        ─────        ──────
    5        0   5        0  0  5
```

같은 자리 수끼리 더하고
소수점을 그대로 내려 찍어요.

②
```
    8          0.8          0.08
 +  9       +  0.9       +  0.09
```

③
```
   1 3         1.3          0.13
 + 1 5       + 1.5        + 0.15
```

④
```
  1 2 2       1 2.2        1.2 2
 +   2 3     +   2.3      + 0.2 3
```

⑤
```
    3 5         3.5         0.3 5
 + 1 4 6      + 1 4.6     + 1.4 6
```

⑥
```
  1 1 3       1 1.3        1.1 3
 + 2 1 5     + 2 1.5      + 2.1 5
```

02 세로셈

 세로셈에서는 소수점을 기준으로 자리를 맞추어
계산하는 것이 중요해.

● 덧셈을 해 보세요.

①
```
  0.3
+ 0.4
─────
  0.7
```
❶ 자연수의 덧셈과
　같은 방법으로
　계산하고
❷ 소수점을 그대로
　내려 찍어요.

②
```
  0.1
+ 0.1
─────
```

③
```
  0.4
+ 0.2
─────
```

④
```
  0.5
+ 0.8
─────
```

⑤
```
  0.6
+ 0.7
─────
```

⑥
```
  0.6
+ 0.6
─────
```

⑦
```
  1.2
+ 1.3
─────
```

⑧
```
  2.2
+ 1.7
─────
```

⑨
```
  1.2
+ 0.8
─────
```

소수점 아래 끝 자리 0은
생략할 수 있어요.

⑩
```
  1.3
+ 2.7
─────
```

⑪
```
  4.5
+ 4.5
─────
```

⑫
```
  6.1
+ 4.2
─────
```

⑬
```
  0.2
+ 1.9
─────
```

⑭
```
  1.5
+ 4.6
─────
```

⑮
```
  3.7
+ 5.6
─────
```

⑯
```
  7.6
+ 8.5
─────
```

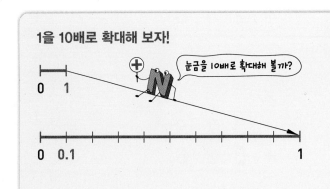

1을 10배로 확대해 보자!

눈금을 10배로 확대해 볼까?

세로셈에서는 소수점을 기준으로 자리를 맞추어 계산하는 것이 중요해.

⑰
```
      2 . 3
 +  1 3 . 5
```

⑱
```
    1 2 . 4
 +     5 . 1
```

⑲
```
    2 4 . 5
 +     2 . 3
```

⑳
```
    1 7 . 3
 +     6 . 2
```

㉑
```
      8 . 5
 +  1 4 . 4
```

㉒
```
    3 6 . 4
 +     5 . 4
```

㉓
```
      7 . 2
 +  2 1 . 8
```

㉔
```
    2 0 . 7
 +     9 . 3
```

㉕
```
      5 . 5
 +  3 7 . 5
```

㉖
```
    1 3 . 9
 +     8 . 2
```

㉗
```
      5 . 8
 +  4 3 . 7
```

㉘
```
    1 7 . 9
 +     5 . 6
```

㉙
```
      9 . 3
 +  2 4 . 8
```

㉚
```
    5 7 . 5
 +     8 . 6
```

㉛
```
      4 . 5
 +  4 5 . 9
```

㉜
```
    0 . 7 5
 +  0 . 2 6
```

㉝
```
    0 . 3 4
 +  0 . 8 9
```

㉞
```
    0 . 7 6
 +  0 . 6 9
```

㉟
```
    1 2.5
+   2 3.4
```

㊱
```
    3 4.2
+   2 5.5
```

㊲
```
    3 2.3
+   4 6.1
```

㊳
```
    1 6.7
+   3 2.4
```

㊴
```
    1 3.5
+   1 3.5
```

㊵
```
    2 1.7
+   4 4.6
```

㊶
```
    1 6.5
+   1 2.5
```

㊷
```
    4 4.8
+   3 8.6
```

㊸
```
    3 8.6
+   5 0.4
```

㊹
```
    5 3.2
+   1 7.9
```

㊺
```
    2.6 8
+   5.6 4
```

㊻
```
    4.6 8
+   8.9 2
```

㊼
```
    0.1 5
    0.2 1
+   0.3 4
```

㊽
```
    0.3 7
    0.5 3
+   0.4 2
```

㊾
```
    0.0 6
    0.7 5
+   0.1 9
```

㊿
```
    0.0 2
    3.1 8
+   2.4 5
```

(51)
```
    1.4 7
    5.9 6
+   1.2 3
```

(52)
```
    2.4 3
    2.7 8
+   2.3 9
```

03 가로셈 세로셈으로 쓰면 계산하기 쉬워.

● 세로셈으로 쓰고 덧셈을 해 보세요.

① 0.5+0.4

```
    0 . 5
+   0 . 4
    0 . 9
```

소수점을 바르게 찍었는지 확인해요.

② 0.5+0.5

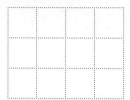

③ 0.6+0.8

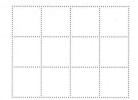

④ 0.4+0.7

⑤ 0.8+0.9

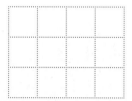

⑥ 0.9+0.3

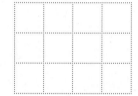

⑦ 1.2+1.7

⑧ 2.3+1.9

⑨ 3.8+1.4

자연수처럼 계산하니까 분수보다 편하지?

$0.3+0.7=1$

$\dfrac{3}{10}+\dfrac{7}{10}=1$

에휴, 난 덩치만 크지 뭐.

⑩ 2.6+2.4

⑪ 4.5+5.7

소수점을 기준으로
자리를 맞추어 써요.

⑫ 12.4+3.3

⑬ 3.2+16.4

⑭ 25.8+2.5

⑮ 4.6+22.5

⑯ 42.9+8.2

⑰ 27.5+3.6

⑱ 0.38+0.06

⑲ 0.13+0.37

⑳ 0.64+0.71

㉑ 0.15+0.55

㉒ 0.65+0.69

㉓ 0.75+0.31

㉔ 2.35+4.36

㉕ 4.13+3.87

㉖ 3.66+7.58

㉗ 6.43+5.28

㉘ 7.39+5.42

㉙ 6.54+8.29

㉚ 0.24+0.37+0.51

㉛ 0.48+0.62+0.73

㉜ 0.64+0.18+0.86

㉝ 1.25+1.43+1.82

㉞ 2.38+3.29+1.54

㉟ 4.17+3.62+5.81

더하는 수의 크기에 따라 계산 결과가 어떻게 달라지는지 살펴봐.

04 여러 가지 수 더하기

● 덧셈을 해 보세요.

①
```
  0.8        0.8        0.8        0.8
+(0.3)     +(1.3)     + 2.3      + 3.3
─────      ─────      ─────      ─────
  1.1        2.1
```

더하는 수가 커지는 만큼 계산 결과도 커져요.

②
```
  6.3        6.3        6.3        6.3
+ 2.6      + 3.6      + 4.6      + 5.6
─────      ─────      ─────      ─────
```

③
```
  3.4        3.4        3.4        3.4
+ 2.3      + 2.4      + 2.5      + 2.6
─────      ─────      ─────      ─────
```

④
```
  6.5        6.5        6.5        6.5
+ 3.2      + 3.3      + 3.4      + 3.5
─────      ─────      ─────      ─────
```

⑤
```
  16.7       16.7       16.7       16.7
+ 13.5     + 23.5     + 33.5     + 43.5
─────      ─────      ─────      ─────
```

⑥
```
   1 7.8          1 7.8          1 7.8          1 7.8
 + 2 2.2        + 3 2.2        + 4 2.2        + 5 2.2
```

⑦
```
   4.7 5          4.7 5          4.7 5          4.7 5
 + 2.3 4        + 3.3 4        + 4.3 4        + 5.3 4
```

⑧
```
   2.5 6          2.5 6          2.5 6          2.5 6
 + 1.4 3        + 1.4 4        + 1.4 5        + 1.4 6
```

⑨
```
   1.7            1.7            1.7            1.7
 + 3.3          + 2.3          + 1.3          + 0.3
```

더하는 수가 작아지는 만큼 계산 결과는 어떻게 될까요?

⑩
```
   5.2            5.2            5.2            5.2
 + 5.9          + 4.9          + 3.9          + 2.9
```

⑪

```
    1 2.9        1 2.9        1 2.9        1 2.9
  + 5 1.5      + 4 1.5      + 3 1.5      + 2 1.5
```

⑫

```
    0.5 4        0.5 4        0.5 4        0.5 4
  + 1.4 6      + 1.3 6      + 1.2 6      + 1.1 6
```

⑬

```
    5.4 3        5.4 3        5.4 3        5.4 3
  + 3.5 8      + 3.4 8      + 3.3 8      + 3.2 8
```

⑭

```
    0.7 7        0.7 7        0.7 7        0.7 7
  + 0.1 4      + 0.1 3      + 0.1 2      + 0.1 1
```

⑮

```
    5.2 9        5.2 9        5.2 9        5.2 9
  + 1.4 6      + 1.4 5      + 1.4 4      + 1.4 3
```

05 계산하지 않고 크기 비교하기

● 계산하지 않고 크기를 비교하여 ○ 안에 >, <를 써 보세요.

① 0.25 $<$ 0.25 ⊕0.37
더한 쪽이 더 커요.

② 0.49 ○ 0.49+0.51

③ 0.67+0.29 ○ 0.67

④ 1.05+0.28 ○ 1.05

⑤ 0.36+1.03 ○ 0.36

⑥ 1.16 ○ 1.16+0.59

⑦ 1.64 ⊕2.45 ○ 1.64 ⊕1.45
큰 수를 더한 쪽이 더 커요.

⑧ 6.3+10.8 ○ 6.3+12.3

⑨ 13.5+4.2 ○ 13.5+5.6

⑩ 8.7+13.4 ○ 8.7+11.7

⑪ 7.85+0.35 ○ 7.85+0.56

⑫ 3.18+4.39 ○ 3.18+1.81

⑬ 1.5+14.9 ○ 11.5+14.9

⑭ 8.27+5.08 ○ 4.72+5.08

⑮ 9.6+22.7 ○ 19.9+22.7

⑯ 42.6+19.8 ○ 50.8+19.8

⑰ 17.5+14.8 ○ 17.1+14.8

⑱ 5.41+2.49 ○ 3.41+2.49

06 길이의 합 구하기

 '100 cm=1 m'이니까 1 cm=0.01 m겠지?

● 주어진 길이를 m로 나타내어 합을 구해 보세요.

①
3 m 15 cm	1 m 45 cm

	3	.	1	5
+	1	.	4	5
	4	.	6	

❶ 3 m 15 cm는 3.15 m예요.
❷ 1 m 45 cm는 1.45 m예요.

  4.6 m

❸ 더해서 길이의 합을 구해요. ❹ 단위를 붙여 답을 써요.

②
2 m 36 cm	1 m 43 cm

③
4 m 25 cm	3 m 17 cm

④
2 m 54 cm	1 m 76 cm

⑤
4 m 26 cm	18 cm

⑥
6 m 8 cm	19 cm

⑦　5 m 79 cm　　6 m 42 cm

⑧　8 m 29 cm　　5 m 62 cm

⑨　4 m 86 cm　　7 m 39 cm

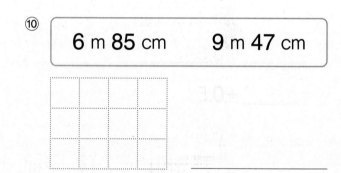

⑩　6 m 85 cm　　9 m 47 cm

⑪　13 m 70 cm　　22 m 50 cm

⑫　15 m 40 cm　　28 m 90 cm

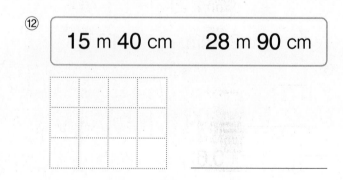

07 맨 앞에 들어갈 수 구하기

● 빈칸에 알맞은 수를 써 보세요.

① ❶ 0.3

___0.7___ $+0.1+0.1+0.1=1$

❷ 0.3이 1이 되려면 0.7이 더 있어야 해요.

_____ $+0.1+0.1=1$

_____ $+0.1+0.1+0.1+0.1+0.1=1$

② _____ $+0.1+0.2+0.3+0.4=2$

_____ $+0.3+0.4+0.6+0.7=4$

③ _____ $+0.5+0.5=2$

_____ $+0.5+0.5+0.5+0.5+0.5=5$

_____ $+0.5+0.5+0.5=3$

④ _____ $+1.2+0.8+1.4+0.6=5$

_____ $+0.8+0.9+1.1+1.2=5$

⑤ _____ $+1.72+1.28+1.45+1.55=7$

_____ $+1.03+1.05+0.95+0.97=7$

_____ $+0.63+0.37+0.19+0.81=7$

08 덧셈식 완성하기

주어진 결과가 되도록 두 수씩 짝지어 더해 봐.

● 주어진 수를 알맞은 자리에 써 보세요. (단, 수는 한 번씩만 사용할 수 있습니다.)

①

| 0.2 | 0.3 | 0.45 |
| 0.55 | 0.7 | 0.8 |

계산 결과가 1이 되려면 0.2에 0.8을 더해야 해요.

0.2 + ___0.8___ = 1

_____ + _____ = 1

_____ + _____ = 1

②

| 0.3 | 0.6 | 0.94 |
| 1.4 | 1.06 | 1.7 |

_____ + _____ = 2

_____ + _____ = 2

_____ + _____ = 2

③

| 0.48 | 0.7 | 1.15 |
| 1.85 | 2.3 | 2.52 |

_____ + _____ = 3

_____ + _____ = 3

_____ + _____ = 3

④

| 0.1 | 0.28 | 1.12 |
| 2.88 | 3.72 | 3.9 |

_____ + _____ = 4

_____ + _____ = 4

_____ + _____ = 4

덧셈의 감각

09 같은 수를 넣어 식 완성하기

● 빈칸에 알맞은 수를 써 보세요.

① 같은 수 두 개를 더해 보세요.

→ 같은 두 수를 더해 0.6이 되는 경우는 두 수가 각각 0.3일 때예요.

___0.3___ + ___0.3___ =0.6   _____ + _____ =1.2

_____ + _____ =2.8   _____ + _____ =3.6

_____ + _____ =4.4   _____ + _____ =5.8

_____ + _____ =5   _____ + _____ =9

② 같은 수 세 개를 더해 보세요.

_____ + _____ + _____ =0.9   _____ + _____ + _____ =1.2

_____ + _____ + _____ =2.4   _____ + _____ + _____ =3.3

_____ + _____ + _____ =4.2   _____ + _____ + _____ =6.9

_____ + _____ + _____ =7.5   _____ + _____ + _____ =9.6

③ 같은 수 네 개를 더해 보세요.

먼저 자연수로 생각해 봐!
2+2+2+2=8

_____ + _____ + _____ + _____ =0.8

_____ + _____ + _____ + _____ =2.4

_____ + _____ + _____ + _____ =3.6

+6 자릿수가 다른 소수의 덧셈

소수점을 기준으로 자리를 맞추어 쓴 다음 더해.

● 0.74 + 0.8

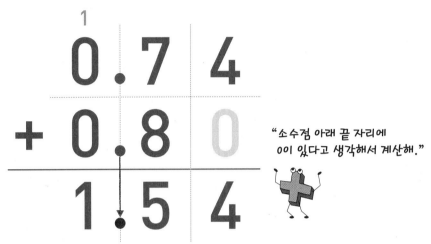

"소수점 아래 끝 자리에
0이 있다고 생각해서 계산해."

"소수점을 기준으로
같은 자리 수끼리 줄을 맞추어 계산한 다음
계산 결과에 반드시 소수점을 찍어야 해."

● 2.736 + 3.49

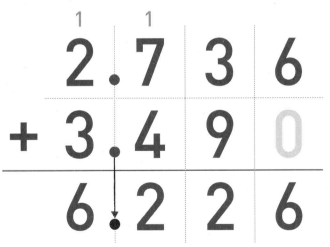

"자연수의 덧셈처럼
받아올림을 하면 돼."

자연수로 소수의 크기를 생각해 봐.

01 자연수로 나타내 계산하기

● □ 안에 알맞은 수를 써 보세요.

0.01이 ■▲개인 수는 0.■▲예요.

① 0.64 → 0.01이 [64] 개
  + 0.9 → 0.01이 [90] 개
  [1.54] ← 0.01이 [154] 개

② 0.824 → 0.001이 [ ] 개
  + 0.59 → 0.001이 [ ] 개
  [ ] ← 0.001이 [ ] 개

③ 1.48 → 0.001이 [ ] 개
  + 1.093 → 0.001이 [ ] 개
  [ ] ← 0.001이 [ ] 개

④ 1.607 → 0.001이 [ ] 개
  + 1.43 → 0.001이 [ ] 개
  [ ] ← 0.001이 [ ] 개

⑤ 12.14 → 0.01이 [ ] 개
  + 4.7 → 0.01이 [ ] 개
  [ ] ← 0.01이 [ ] 개

⑥ 16.4 → 0.01이 [ ] 개
  + 5.89 → 0.01이 [ ] 개
  [ ] ← 0.01이 [ ] 개

⑦ 6.29 → 0.01이 [ ] 개
  + 14.5 → 0.01이 [ ] 개
  [ ] ← 0.01이 [ ] 개

⑧ 21.58 → 0.01이 [ ] 개
  + 7.6 → 0.01이 [ ] 개
  [ ] ← 0.01이 [ ] 개

⑨ 0.428 → 0.001이 [ ] 개
  + 0.5 → 0.001이 [ ] 개
  [ ] ← 0.001이 [ ] 개

⑩ 0.4 → 0.001이 [ ] 개
  + 0.365 → 0.001이 [ ] 개
  [ ] ← 0.001이 [ ] 개

⑪ 0.7 → 0.001이 [ ] 개
  + 0.839 → 0.001이 [ ] 개
  [ ] ← 0.001이 [ ] 개

⑫ 0.914 → 0.001이 [ ] 개
  + 0.8 → 0.001이 [ ] 개
  [ ] ← 0.001이 [ ] 개

⑬ 4.5 → 0.001이 [ ] 개
  + 2.617 → 0.001이 [ ] 개
  [ ] ← 0.001이 [ ] 개

⑭ 0.271 → 0.001이 [ ] 개
  + 4.6 → 0.001이 [ ] 개
  [ ] ← 0.001이 [ ] 개

⑮ 1.408 → 0.001이 [ ] 개
  + 3.9 → 0.001이 [ ] 개
  [ ] ← 0.001이 [ ] 개

⑯ 5.4 → 0.001이 [ ] 개
  + 3.726 → 0.001이 [ ] 개
  [ ] ← 0.001이 [ ] 개

02 세로셈

자릿수가 다를 때는 소수점 아래 끝 자리에 0이 있는 것으로 생각해.

● 덧셈을 해 보세요.

① 소수점 아래 끝 자리에 0이 있는 것으로 생각해요.

```
    1 . 0 0
  + 2 . 3 5
    3 . 3 5
```

②
```
    2 .
  + 3 . 8 1
```

③
```
    4 .
  + 5 . 4 9
```

④
```
    5 .
  + 5 . 4 6
```

⑤
```
    5 . 0 7
  + 4 .
```

⑥
```
    9 . 9 1
  + 6 .
```

자연수의 덧셈처럼 받아올림을 해요.
1

⑦
```
    1 . 4 9
  + 2 . 8
```

⑧
```
    3 . 5
  + 4 . 7 2
```

⑨
```
    4 . 3
  + 0 . 7 2
```

⑩
```
    0 . 9
  + 0 . 5 4
```

⑪
```
    3 . 6 4
  + 6 . 6
```

⑫
```
    4 . 5
  + 0 . 6 5
```

⑬
```
    2 . 5
  + 2 . 8 5
```

⑭
```
    8 . 4 5
  + 8 . 8
```

⑮
```
    9 . 2
  + 0 . 4 3
```

소수는 **필요한 경우** 소수점 아래 끝 자리에 0을 붙일 수 있어.

3 = 3.0   4.5 = 4.50 = 4.500

⑯
```
    7 . 6
  + 3 . 8 7
```

⑰
```
    9 . 3
  + 5 . 8 6
```

⑱
```
    1 3 8 4
  +     1 7
```

⑲
```
      5 . 0 7
  + 1 5 . 6
```

⑳
```
    2 6 . 3
  + 7 . 7 9
```

㉑
```
      4 . 7
  + 2 0 . 9 2
```

㉒
```
    7 . 2 6
  + 4 1 . 8
```

㉓
```
      7 . 8
  + 1 6 . 0 6
```

㉔
```
    4 . 4 8
  + 2 9 . 5
```

㉕
```
  3 4 . 7 5
  +     6 . 6
```

㉖
```
      0 . 9
  + 4 3 . 6 2
```

㉗
```
  3 5 . 1
  +   9 . 7 9
```

㉘
```
    1 6 . 4
  + 1 5 . 8 4
```

㉙
```
      6 . 8
  + 7 8 . 6 8
```

㉚
```
  5 . 3 0 7
  +   4 . 8
```

㉛
```
  3 . 7
  + 6 . 4 2 1
```

㉜
```
  8 . 0 0 6
  + 6 . 4
```

㉝
```
    0 . 9
  + 8 . 7 0 5
```

㉞
```
  3 . 5 7 8
  + 3 . 5
```

㉟
```
  5 . 7
  + 9 . 7 1 5
```

자릿수가 다를 때는 소수점 아래 끝 자리에 0이 있는 것으로 생각해.

㊱ $\begin{array}{r} 1.602 \\ +\ 1.45 \\ \hline \end{array}$

㊲ $\begin{array}{r} 3.965 \\ +\ 0.67 \\ \hline \end{array}$

㊳ $\begin{array}{r} 2.876 \\ +\ 3.92 \\ \hline \end{array}$

㊴ $\begin{array}{r} 5.88 \\ +\ 0.423 \\ \hline \end{array}$

㊵ $\begin{array}{r} 5.75 \\ +\ 2.604 \\ \hline \end{array}$

㊶ $\begin{array}{r} 8.27 \\ +\ 2.495 \\ \hline \end{array}$

㊷ $\begin{array}{r} 3.067 \\ +\ 1.86 \\ \hline \end{array}$

㊸ $\begin{array}{r} 5.445 \\ +\ 5.88 \\ \hline \end{array}$

㊹ $\begin{array}{r} 4.36 \\ +\ 2.548 \\ \hline \end{array}$

㊺ $\begin{array}{r} 0.39 \\ +\ 7.925 \\ \hline \end{array}$

㊻ $\begin{array}{r} 8.71 \\ +\ 6.484 \\ \hline \end{array}$

㊼ $\begin{array}{r} 2.81 \\ +\ 2.197 \\ \hline \end{array}$

㊽ $\begin{array}{r} 4.38 \\ +\ 0.762 \\ \hline \end{array}$

㊾ $\begin{array}{r} 3.38 \\ +\ 9.852 \\ \hline \end{array}$

㊿ $\begin{array}{r} 3.568 \\ +\ 6.73 \\ \hline \end{array}$

(51) $\begin{array}{r} 7.89 \\ +\ 8.077 \\ \hline \end{array}$

(52) $\begin{array}{r} 6.521 \\ +\ 6.89 \\ \hline \end{array}$

(53) $\begin{array}{r} 9.792 \\ +\ 3.19 \\ \hline \end{array}$

03 가로셈

 세로셈으로 쓰면 계산하기 쉬워.

● 세로셈으로 쓰고 덧셈을 해 보세요.

① 3+7.25

```
    3 . 0 0
+   7 . 2 5
  1 0 . 2 5
```

소수점을 기준으로 같은 자리 수끼리
줄을 맞추어 쓰고 계산해요.

② 8.42+5

③ 6+7.18

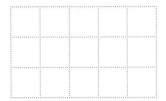

④ 8.5+0.69

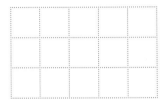

⑤ 4.8+0.36

⑥ 6.7+0.53

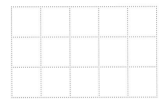

⑦ 1.74+3.6

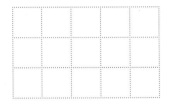

⑧ 4.5+7.78

⑨ 6.35+4.5

⑩ 5.53+7.5

⑪ 7.9+6.84

소수점의 자리를 맞추어 계산해야 해.

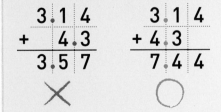

⑫ 24.29+6.3

⑬ 2.69+23.5

⑭ 9.8+14.57

⑮ 56.4+5.66

⑯ 37.2+4.95

⑰ 46.58+8.4

⑱ 4.8+2.405

⑲ 3.185+2.9

⑳ 7.3+6.628

㉑ 1.847+8.2

㉒ 5.3+4.769

㉓ 2.875+6.5

㉔ 8.356+5.8

㉕ 6.7+4.587

㉖ 9.2+5.913

㉗ 0.85+4.769

㉘ 0.693+1.52

㉙ 0.75+2.884

㉚ 2.65+6.872

㉛ 1.995+8.27

㉜ 2.494+9.04

㉝ 1.129+4.9

㉞ 4.582+1.48

㉟ 3.78+2.194

더해지는 수의 크기에 따라 계산 결과가 어떻게 달라지는지 살펴봐.

04 정해진 수 더하기

● 덧셈을 해 보세요.

① **2.5를 더해 보세요.**　더해지는 소수의 자릿수가 달라지면 계산 결과가 달라져요.

	1	0.5			1	0.05			1	0.005
+		2.5		+		2.5				
	1	3.0			1	2.55				

소수점 아래 끝자리 0은 생략할 수 있어요.

② **2.8을 더해 보세요.**

	1	2.2			1	2.02			1	2.002

③ **3.4를 더해 보세요.**

	1	5.6			1	5.06			1	5.006

④ **3.7을 더해 보세요.**

	1	6.3			1	6.03			1	6.003

⑤ **5.5를 더해 보세요.**

	1	4.5			1	4.05			1	4.005

⑥ 2.55를 더해 보세요.

| 1 | 1 . 5 | | | 1 | 1 . 5 | 5 | | 1 | 1 . 0 | 5 | 5 |

⑦ 4.6을 더해 보세요.

| 1 | 5 . 4 | | | 1 | 5 . 4 | 4 | | 1 | 5 . 0 | 4 | 4 |

⑧ 5.7을 더해 보세요.

| 2 | 4 . 3 | | | 2 | 4 . 3 | 3 | | 2 | 4 . 0 | 3 | 3 |

⑨ 6.9를 더해 보세요.

| 1 | 2 . 1 | | | 1 | 2 . 1 | 1 | | 1 | 2 . 0 | 1 | 1 |

⑩ 10.3을 더해 보세요.

| 3 | 2 . 7 | | | 3 | 2 . 7 | 7 | | 3 | 2 . 0 | 7 | 7 |

05 세 소수의 덧셈

두 수씩 차례로 더하면 돼.

● 덧셈을 해 보세요.

① 4.54+2.8+3.5

앞에서부터 차례로 계산해요.

```
    4 . 5 4            7 . 3 4
  + 2 . 8            + 3 . 5
    7 . 3 4          1 0 . 8 4
```

② 18.7+7.33+6.5

```
    1 8 . 7
  +   7 . 3 3        +     6 . 5
```

③ 7.93+27.8+8.9

```
      7 . 9 3
  + 2 7 . 8          +     8 . 9
```

④ 2.9+4.651+11.7

```
    2 . 9
  + 4 . 6 5 1        +   1 1 . 7
```

⑤ 6.41+2.602+10.3

```
    6 . 4 1
  + 2 . 6 0 2        +   1 0 . 3
```

⑥ 7.824+6.41+2.9

```
    7 . 8 2 4
  + 6 . 4 1          +     2 . 9
```

⑦ 5.44+19.9+1.58

$$
\begin{array}{r}
5.44 \\
+\ 19.9 \\
\hline
\end{array}
\qquad
\begin{array}{r}
\\
+\quad 1.58 \\
\hline
\end{array}
$$

⑧ 12.8+10.44+4.15

$$
\begin{array}{r}
12.8 \\
+\ 10.44 \\
\hline
\end{array}
\qquad
\begin{array}{r}
\\
+\quad 4.15 \\
\hline
\end{array}
$$

⑨ 19.28+34.8+3.7

$$
\begin{array}{r}
19.28 \\
+\ 34.8 \\
\hline
\end{array}
\qquad
\begin{array}{r}
\\
+\quad 3.7 \\
\hline
\end{array}
$$

⑩ 20.01+5.6+7.15

$$
\begin{array}{r}
20.01 \\
+\quad 5.6 \\
\hline
\end{array}
\qquad
\begin{array}{r}
\\
+\quad 7.15 \\
\hline
\end{array}
$$

⑪ 6.2+29.88+0.9

$$
\begin{array}{r}
6.2 \\
+\ 29.88 \\
\hline
\end{array}
\qquad
\begin{array}{r}
\\
+\quad 0.9 \\
\hline
\end{array}
$$

⑫ 30.97+4.1+8.75

$$
\begin{array}{r}
30.97 \\
+\quad 4.1 \\
\hline
\end{array}
\qquad
\begin{array}{r}
\\
+\quad 8.75 \\
\hline
\end{array}
$$

같은 자리 수끼리 더하면 한꺼번에 계산할 수 있겠지?

06 세 수를 한꺼번에 더하기

● 덧셈을 해 보세요.

①
```
    5 . 0 0
    4 . 3 8
  + 6 . 8 0
  ─────────
  1 6 . 1 8
```
소수점 아래 끝 자리에 0이 있는 것으로 생각해요.

②
```
    1 . 2
    0 . 3 4
  + 2 . 4 1
```

③
```
    0 . 5 3
    2 . 4
  + 3 . 0 6
```

④
```
    0 . 9
    1 . 5 6
  + 2 . 4 8
```

⑤
```
    0 . 6 5
    3 . 7
  + 4 . 4 9
```

⑥
```
    2 . 8
    0 . 6 3
  + 0 . 2 7
```
소수점 아래 끝 자리 0은 생략할 수 있어요.

⑦
```
  1 5 . 4 2
    3 . 6
  + 4 1 . 2
```

⑧
```
      8 . 9
    3 5 . 0 7
  +   1 . 3
```

⑨
```
      2 . 9
    2 8 . 1
  +   1 . 6 7
```

⑩
```
  1 3 . 1 8
    5 . 5
  + 2 4 . 2
```

⑪
```
    2 3 . 4
    1 0 . 2 5
  +   9 . 4 4
```

⑫
```
  1 8 . 8 2
    7 . 1
  + 4 0 . 5 3
```

⑬
```
    2 . 5 6 1
    0 . 7
+   4 . 6 5
─────────────
```

⑭
```
    9 . 3
    3 . 1 7 2
+   1 . 5 8
─────────────
```

⑮
```
    1 2 . 3
     5 . 7 6
+    0 . 9 0 5
─────────────
```

⑯
```
    5 . 6 8
    1 . 0 2 5
+ 1 8 . 6
─────────────
```

⑰
```
    1 5 . 4
     3 . 7 0 6
+    2 . 0 3
─────────────
```

⑱
```
    0 . 6 2 1
    1 9 . 4 4
+    5 . 2
─────────────
```

⑲
```
    8 . 3 6
    1 . 0 6 9
+ 1 5 . 2 5
─────────────
```

⑳
```
    0 . 6 3
    1 7 . 5
+  3 . 1 5 5
─────────────
```

㉑
```
    5 . 6 9 2
    9 . 4 4
+ 1 2 . 5 7
─────────────
```

㉒
```
    0 . 9 8
    1 . 3 2 8
+ 1 4 . 6 2
─────────────
```

㉓
```
    2 . 8 1 7
    2 . 1 9
+ 2 2 . 5 3
─────────────
```

㉔
```
     3 . 5 4
    2 4 . 7 5
+    9 . 0 0 5
─────────────
```

같은 자리 수끼리 더하는 과정을 생각해 봐.

07 수를 덧셈식으로 나타내기

● 빈칸에 알맞은 수를 써 보세요.

①
```
   0.4 0
+  0.0 5
-------
   0.4 5
```
같은 자리 수끼리 더하는 과정을
생각해서 알맞은 수를 찾아요.

```
   0.2
+  0.2 5
-------
   0.4 5
```

```
   0.0 5
+
-------
   0.4 5
```

②
```
   0.5
+
-------
   0.5 7
```

```
   0.3
+
-------
   0.5 7
```

```
   0.0 7
+
-------
   0.5 7
```

③
```
   1.3
+
-------
   1.3 5
```

```
   1.0 5
+
-------
   1.3 5
```

```
   1.2 5
+
-------
   1.3 5
```

④
```
   1.4 1
+
-------
   3.4 1
```

```
   2.4
+
-------
   3.4 1
```

```
   2.0 1
+
-------
   3.4 1
```

⑤
```
   1.7
+
-------
   4.7 3
```

```
   1.7 2
+
-------
   4.8 2
```

```
   3
+
-------
   4.7 3
```

⑥

$$5.1 + \underline{} = 5.38$$
$$4.18 + \underline{} = 5.38$$
$$1.28 + \underline{} = 5.38$$

⑦

$$7.5 + \underline{} = 8.56$$
$$4.16 + \underline{} = 8.56$$
$$2.06 + \underline{} = 8.56$$

⑧

$$1.24 + \underline{} = 3.54$$
$$2.1 + \underline{} = 3.54$$
$$0.21 + \underline{} = 3.51$$

⑨

$$1.3 + \underline{} = 1.649$$
$$1.34 + \underline{} = 1.649$$
$$1.049 + \underline{} = 1.649$$

⑩

$$1.4 + \underline{} = 2.435$$
$$2.03 + \underline{} = 2.435$$
$$1.205 + \underline{} = 2.435$$

7

자릿수가 같은 소수의 뺄셈

자리별로 빼고 소수점을 찍어.

● 0.9 - 0.4

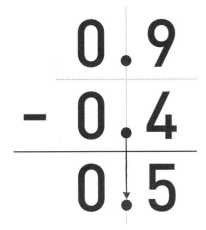

"자연수의 뺄셈처럼 계산한 다음
계산 결과에 반드시 소수점을 찍어야 해."

● 0.65 - 0.18

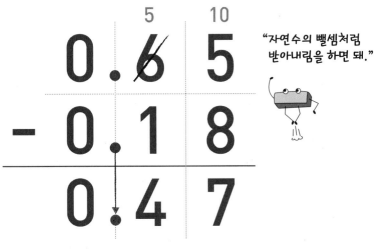

"자연수의 뺄셈처럼
받아내림을 하면 돼."

자연수의 빼셈과 소수의 빼셈이 어떻게 다른지 살펴봐.

01 단계에 따라 계산하기

● 자연수의 빼셈을 이용하여 소수의 빼셈을 해 보세요.

①
```
    5          0.5         0.0 5
 -  2       -  0.2      -  0.0 2
    3          0.3         0.0 3
```
같은 자리 수끼리 빼고
소수점을 그대로 내려 찍어요.

②
```
    9          0.9         0.0 9
 -  4       -  0.4      -  0.0 4
```

③
```
  1 6        1.6         0.1 6
 -1 2       -1.2      -  0.1 2
```

④
```
  1 3 6      1 3.6       1 3 6
 -  1 4     -   1.4    -  0.1 4
```

⑤
```
  2 8 7      2 8.7       2 8 7
 -1 3 4     -1 3.4    -  1.3 4
```

⑥
```
  3 9 8      3 9.8       3 9 8
 -1 7 5     -1 7.5    -  1.7 5
```

02 세로셈

세로셈에서는 소수점을 기준으로 자리를 맞추어
계산하는 것이 중요해.

● 뺄셈을 해 보세요.

①
```
  0.5
- 0.3
─────
  0.2
```
❶ 자연수의 뺄셈과
  같은 방법으로
  계산하고
❷ 소수점을 그대로
  내려 찍어요.

②
```
  0.8
- 0.2
─────
```

③
```
  0.9
- 0.5
─────
```

④
```
  0.5
- 0.5
─────
```

⑤
```
  0.7
- 0.4
─────
```

⑥
```
  0.6
- 0.3
─────
```

⑦
```
  0 10
  1.2
- 0.7
─────
```
자연수의
뺄셈과 같이
받아내림해서
계산해요.

⑧
```
  1.3
- 0.3
─────
```
소수점 아래 끝 자리 0은
생략할 수 있어요.

⑨
```
  1.5
- 0.9
─────
```

⑩
```
  1.1
- 0.8
─────
```

⑪
```
  1.8
- 1.4
─────
```

⑫
```
  1.2
- 0.6
─────
```

⑬
```
  2.8
- 0.9
─────
```

⑭
```
  2.4
- 1.8
─────
```

⑮
```
  5.3
- 3.3
─────
```

⑯
```
  3.1
- 0.5
─────
```

⑰
```
  8.5
- 6.9
─────
```

받아내림을 피하는 방법

$8.5 - 6.9 = 1.6$

↓+0.1 ↓+0.1 ↑

$8.6 - 7 = 1.6$

어때? 완전 쉽지?

⑱
```
    1 8 . 6
-     4 . 2
```

⑲
```
    3 6 . 4
-     9 . 6
```

⑳
```
    2 7 . 5
-     7 . 8
```

㉑
```
    5 8 . 1
-     5 . 7
```

㉒
```
    1 3 . 3
-     6 . 7
```

㉓
```
    2 5 . 3
-     7 . 1
```

㉔
```
    8 4 . 4
-     5 . 7
```

㉕
```
    4 0 . 8
-     1 . 9
```

㉖
```
    6 8 . 2
-     7 . 9
```

㉗
```
    2 5 . 3
- 1 0 . 8
```

㉘
```
    3 2 . 4
- 1 7 . 5
```

㉙
```
    3 5 . 1
- 1 0 . 6
```

㉚
```
    5 1 . 4
- 2 8 . 7
```

㉛
```
    4 2 . 2
- 1 3 . 4
```

㉜
```
    5 7 . 7
- 5 0 . 8
```

㉝
```
    4 9 . 3
- 1 9 . 5
```

㉞
```
    5 1 . 5
- 3 6 . 7
```

㉟
```
    9 6 . 2
- 3 9 . 9
```

㊱ 0.54 − 0.22

㊲ 0.89 − 0.15

㊳ 0.98 − 0.98

㊴ 0.83 − 0.09

㊵ 0.71 − 0.55

㊶ 0.63 − 0.39

㊷ 0.61 − 0.17

㊸ 0.94 − 0.37

㊹ 0.66 − 0.57

㊺ 1.67 − 0.82

㊻ 4.25 − 2.07

㊼ 6.83 − 5.28

㊽ 7.75 − 1.99

㊾ 4.46 − 0.85

㊿ 9.07 − 2.14

(51) 5.46 − 3.48

(52) 3.01 − 1.89

(53) 8.25 − 7.38

03 가로셈

 세로셈으로 쓰면 계산하기 쉬워.

● 세로셈으로 쓰고 뺄셈을 해 보세요.

① 0.7-0.5

```
    0 . 7
  - 0 . 5
    0 . 2
```

세로셈으로 쓸 때 소수점의 위치를
맞추어 찍었는지 꼭 확인해요.

② 0.9-0.5

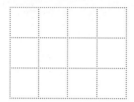

③ 0.8-0.3

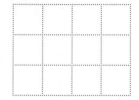

④ 1.1-0.3

⑤ 1.4-0.5

⑥ 2.5-0.7

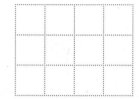

⑦ 3.7-1.9

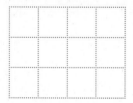

⑧ 3.3-1.6

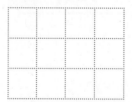

⑨ 8.3-3.8

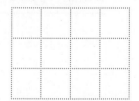

⑩ 5.2-1.8

⑪ 6.4-3.7

⑫ 9.5-7.6

⑬ 17.7−4.5

⑭ 36.7−6.4

⑮ 50.7−6.2

⑯ 47.7−7.9

⑰ 21.7−5.8

⑱ 43.5−9.7

⑲ 56.2−38.3

⑳ 43.7−15.7

㉑ 39.5−19.9

㉒ 80.8−46.9

㉓ 62.4−18.6

㉔ 90.2−25.7

㉕ 0.54−0.08

㉖ 0.38−0.35

㉗ 0.64−0.28

㉘ 0.45−0.06

㉙ 0.73−0.23

㉚ 0.81−0.54

㉛ 3.93−0.77

㉜ 9.24−0.05

㉝ 6.25−0.86

㉞ 8.03−4.39

㉟ 6.34−1.38

㊱ 9.36−5.49

04 여러 가지 수 빼기

 빼는 수가 변하면
계산 결과는 어떻게 달라질까?

● 뺄셈을 해 보세요.

①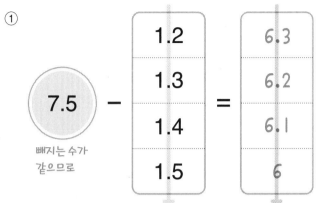

$$7.5 - \begin{bmatrix} 1.2 \\ 1.3 \\ 1.4 \\ 1.5 \end{bmatrix} = \begin{bmatrix} 6.3 \\ 6.2 \\ 6.1 \\ 6 \end{bmatrix}$$

빼지는 수가
같으므로

빼는 수가 커지면   계산 결과는 작아져요.

② $5.6 - \begin{bmatrix} 1.4 \\ 1.5 \\ 1.6 \\ 1.7 \end{bmatrix} = $

③ $6.6 - \begin{bmatrix} 1.5 \\ 1.6 \\ 1.7 \\ 1.8 \end{bmatrix} = $

④ $4.9 - \begin{bmatrix} 1.3 \\ 1.5 \\ 1.7 \\ 1.9 \end{bmatrix} = $

⑤ $5.6 - \begin{bmatrix} 1.2 \\ 1.4 \\ 1.6 \\ 1.8 \end{bmatrix} = $

⑥ $7.4 - \begin{bmatrix} 1.2 \\ 2.2 \\ 3.2 \\ 4.2 \end{bmatrix} = $

⑦ 5.7 −

| 1.8 |
| 1.7 |
| 1.6 |
| 1.5 |

=

빼는 수가
작아지면

계산 결과는
어떻게 될까요?

⑧ 6.5 −

| 1.7 |
| 1.6 |
| 1.5 |
| 1.4 |

=

⑨ 9.4 −

| 1.8 |
| 1.6 |
| 1.4 |
| 1.2 |

=

⑩ 7.2 −

| 5.2 |
| 4.2 |
| 3.2 |
| 2.2 |

=

⑪ 10.7 −

| 8.5 |
| 6.5 |
| 4.5 |
| 2.5 |

=

⑫ 15.3 −

| 7.3 |
| 5.3 |
| 3.3 |
| 1.3 |

=

두 식에서 다른 부분을 찾아서 비교해 봐.

05 계산하지 않고 크기 비교하기

● 계산하지 않고 크기를 비교하여 ○ 안에 >, <를 써 보세요.

① 7.5-1.2 ⟩ 7.5-1.3

같은 수에서 큰 수를 뺄수록 계산 결과는 작아져요.

② 3.4-0.5 ○ 3.4-0.3

③ 1.1-0.3 ○ 1.1-0.4

④ 2.7-1.7 ○ 2.7-1.9

⑤ 3.3-1.6 ○ 3.3-1.5

⑥ 7.8-2.1 ○ 7.8-2.4

⑦ 16.4-3.5 ○ 16.4-3.4

⑧ 11.9-6.4 ○ 11.9-6.9

⑨ 10.7-4.9 ○ 10.7-5.1

⑩ 21.6-18.5 ○ 22.6-18.5

⑪ 13.5-10.6 ○ 13.3-10.6

⑫ 32.5-14.7 ○ 34.5-14.7

⑬ 40.4-26.1 ○ 40.1-26.1

⑭ 0.53-0.09 ○ 1.53-0.09

⑮ 0.68-0.25 ○ 0.48-0.25

⑯ 0.85-0.06 ○ 0.89-0.06

⑰ 4.24-0.05 ○ 4.25-0.05

⑱ 5.03-0.77 ○ 4.99-0.77

06 길이의 차 구하기

 '100 cm=1 m'이니까 1 cm=0.01 m겠지?

● 주어진 길이를 m로 나타내어 차를 구해 보세요.

①
4 m 15 cm	1 m 35 cm

	4	.	1	5
−	1	.	3	5
	2	.	8	

❶ 4 m 15 cm는 4.15 m예요.

❷ 1 m 35 cm는 1.35 m예요.

2.8 m

❸ 차를 구할 때는 큰 수에서 작은 수를 빼요.

❹ 단위를 붙여 답을 써요.

②
3 m 28 cm	1 m 19 cm

③
5 m 27 cm	3 m 67 cm

④
4 m 81 cm	2 m 56 cm

⑤
6 m 53 cm	1 m 79 cm

⑥
3 m 61 cm	1 m 18 cm

⑦ | 4 m 87 cm   28 cm

⑧ | 8 m 3 cm   77 cm

⑨ | 9 m 24 cm   6 cm

⑩ | 3 m 21 cm   8 cm

⑪ | 34 m 30 cm   15 m 60 cm

⑫ | 46 m 30 cm   29 m 80 cm

07 연산 기호 넣기

계산 결과가 처음 수보다 커졌는지,
작아졌는지 살펴봐.

● 결과에 맞도록 ⬜ 안에 + 또는 −를 써 보세요.

① 0.8 **−** 0.2 = 0.6   _{0.8보다 0.2만큼 더 작은 수}
   0.8 **+** 0.2 = 1   _{0.8보다 0.2만큼 더 큰 수}

② 0.9 ⬜ 0.1 = 0.8
   0.9 ⬜ 0.1 = 1

③ 1.1 ⬜ 0.3 = 1.4
   1.1 ⬜ 0.3 = 0.8

④ 2.5 ⬜ 0.6 = 3.1
   2.5 ⬜ 0.6 = 1.9

⑤ 4.4 ⬜ 1.6 = 2.8
   4.4 ⬜ 1.6 = 6

⑥ 5.4 ⬜ 4.5 = 9.9
   5.4 ⬜ 4.5 = 0.9

⑦ 0.55 ⬜ 0.45 = 1
   0.55 ⬜ 0.45 = 0.1

⑧ 10.3 ⬜ 4.5 = 5.8
   10.3 ⬜ 4.5 = 14.8

⑨ 23.7 ⬜ 11.5 = 35.2
   23.7 ⬜ 11.5 = 12.2

⑩ 24.3 ⬜ 13.4 = 10.9
   24.3 ⬜ 13.4 = 37.7

⑪ 17.39 ⬜ 12.11 = 29.5
   17.39 ⬜ 12.11 = 5.28

⑫ 38.47 ⬜ 22.37 = 16.1
   38.47 ⬜ 22.37 = 60.84

08 같은 수를 넣어 식 완성하기

먼저 자연수로 생각해 봐.

● 빈칸에 각각 똑같은 수를 써서 식을 완성하세요.

① 0.8 - ___0.4___ = ___0.4___

8=4+4이므로 0.8=0.4+0.4예요.
따라서 0.8-0.4=0.4예요.

② 0.2 - _____ = _____

③ 0.6 - _____ = _____

④ 1.2 - _____ = _____

⑤ 1.8 - _____ = _____

⑥ 2.4 - _____ = _____

⑦ 3.4 - _____ = _____

⑧ 3.6 - _____ = _____

⑨ 4.6 - _____ = _____

⑩ 5.2 - _____ = _____

⑪ 0.04 - _____ = _____

⑫ 0.08 - _____ = _____

⑬ 0.12 - _____ = _____

⑭ 0.32 - _____ = _____

⑮ 6.02 - _____ = _____

⑯ 1.06 - _____ = _____

⑰ 4.84 - _____ = _____

⑱ 0.98 - _____ = _____

8

자릿수가 다른 소수의 뺄셈

소수점을 기준으로 자리를 맞추어 쓴 다음 빼.

● 1.62 - 0.9

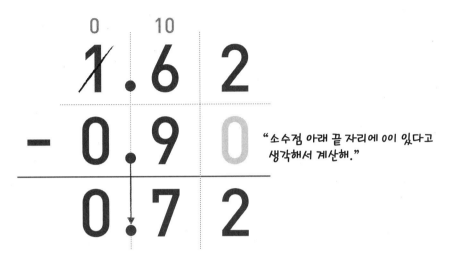

"소수점 아래 끝 자리에 0이 있다고
생각해서 계산해."

"소수점을 기준으로
같은 자리 수끼리 줄을 맞추어 계산한 다음
계산 결과에 반드시 소수점을 찍어야 해."

● 2.36 - 1.125

"자연수의 뺄셈처럼
받아내림을 하면 돼."

자연수로 소수의 크기를 생각해 봐.

01 자연수로 나타내 계산하기

● □ 안에 알맞은 수를 써 보세요.

0.01이 ■▲개인 수는 0.■▲예요.

①
$$
\begin{array}{l}
0.76 \longrightarrow 0.01이 \boxed{76} 개 \\
-0.3 \longrightarrow 0.01이 \boxed{30} 개 \\
\hline
\boxed{0.46} \longleftarrow 0.01이 \boxed{46} 개
\end{array}
$$

②
$$
\begin{array}{l}
0.95 \longrightarrow 0.01이 \boxed{} 개 \\
-0.6 \longrightarrow 0.01이 \boxed{} 개 \\
\hline
\boxed{} \longleftarrow 0.01이 \boxed{} 개
\end{array}
$$

③
$$
\begin{array}{l}
1.78 \longrightarrow 0.01이 \boxed{} 개 \\
-1.5 \longrightarrow 0.01이 \boxed{} 개 \\
\hline
\boxed{} \longleftarrow 0.01이 \boxed{} 개
\end{array}
$$

④
$$
\begin{array}{l}
1.54 \longrightarrow 0.01이 \boxed{} 개 \\
-1.2 \longrightarrow 0.01이 \boxed{} 개 \\
\hline
\boxed{} \longleftarrow 0.01이 \boxed{} 개
\end{array}
$$

⑤
$$
\begin{array}{l}
2.04 \longrightarrow 0.01이 \boxed{} 개 \\
-0.8 \longrightarrow 0.01이 \boxed{} 개 \\
\hline
\boxed{} \longleftarrow 0.01이 \boxed{} 개
\end{array}
$$

⑥
$$
\begin{array}{l}
3.07 \longrightarrow 0.01이 \boxed{} 개 \\
-0.4 \longrightarrow 0.01이 \boxed{} 개 \\
\hline
\boxed{} \longleftarrow 0.01이 \boxed{} 개
\end{array}
$$

⑦
$$
\begin{array}{l}
2.4 \longrightarrow 0.01이 \boxed{} 개 \\
-1.56 \longrightarrow 0.01이 \boxed{} 개 \\
\hline
\boxed{} \longleftarrow 0.01이 \boxed{} 개
\end{array}
$$

⑧
$$
\begin{array}{l}
4.5 \longrightarrow 0.01이 \boxed{} 개 \\
-1.72 \longrightarrow 0.01이 \boxed{} 개 \\
\hline
\boxed{} \longleftarrow 0.01이 \boxed{} 개
\end{array}
$$

⑨ 1.884 → 0.001이 [   ]개
  − 1.7 → 0.001이 [   ]개
  [   ] ← 0.001이 [   ]개

⑩ 2.653 → 0.001이 [   ]개
  − 1.9 → 0.001이 [   ]개
  [   ] ← 0.001이 [   ]개

⑪ 1.669 → 0.001이 [   ]개
  − 0.34 → 0.001이 [   ]개
  [   ] ← 0.001이 [   ]개

⑫ 3.524 → 0.001이 [   ]개
  − 0.41 → 0.001이 [   ]개
  [   ] ← 0.001이 [   ]개

⑬ 2.15 → 0.001이 [   ]개
  − 1.528 → 0.001이 [   ]개
  [   ] ← 0.001이 [   ]개

⑭ 4.293 → 0.001이 [   ]개
  − 1.67 → 0.001이 [   ]개
  [   ] ← 0.001이 [   ]개

⑮ 3.1 → 0.001이 [   ]개
  − 2.405 → 0.001이 [   ]개
  [   ] ← 0.001이 [   ]개

⑯ 5.4 → 0.001이 [   ]개
  − 3.726 → 0.001이 [   ]개
  [   ] ← 0.001이 [   ]개

02 세로셈

 자릿수가 다를 때는 소수점 아래 끝 자리에 0이 있는 것으로 생각해.

● 뺄셈을 해 보세요.

①
```
    2.5 8
-   1.2 0    소수점 아래 끝 자리에
  ─────────   0이 있는 것으로
    1.3 8    생각해요.
```

②
```
    3.6 9
-     3.2
  ─────────
```

③
```
    4.8 6
-     0.3
  ─────────
```

④
```
    2.4 7
-     0.4
  ─────────
```

⑤
```
    7.7 4
-     6.2
  ─────────
```

⑥
```
    ⁵6.²⁰9    자연수의
-     5.7    뺄셈과 같이
  ─────────   받아내림해서
             계산해요.
```

⑦
```
    5.4
-   1.1 2
  ─────────
```

⑧
```
    6.8
-   1.0 5
  ─────────
```

⑨
```
    5.4
-   2.3 3
  ─────────
```

⑩
```
    9.2
-   6.9 6
  ─────────
```

⑪
```
    4.7
-   0.8 5
  ─────────
```

⑫
```
    7.6
-   6.9 2
  ─────────
```

⑬
```
    1 0.7 4
-      9.2
  ───────────
```

⑭
```
    1 3.1 8
-      5.4
  ───────────
```

⑮
```
    3 9.1 4
-    1 7.5
  ───────────
```

⑯
```
    4 4.8
-      8.3 3
  ───────────
```

⑰
```
    5 3.9
-    1 2.3 5
  ───────────
```

⑱
```
    5 3.6
-      9.4 1
  ───────────
```

⑲
```
  3.706
- 1.8
```

⑳
```
  8.027
- 7.5
```

㉑
```
  3.552
- 1.6
```

㉒
```
  4.824
- 0.9
```

㉓
```
  0.6
- 0.452
```

㉔
```
  3.2
- 0.047
```

㉕
```
  13.7
-    6
```

㉖
```
  37.9
-  28
```

㉗
```
  50.4
-    9
```

㉘
```
  34
-  6.4
```

㉙
```
  42
- 24.4
```

㉚
```
  76
-  6.9
```

자연수에 소수점과 0을 붙여서 계산해.
8 = 8.0 = 8.00

㉛
```
  24
- 17.79
```

㉜
```
  8
- 6.33
```

㉝
```
  92
-  2.46
```

㉞
```
  8
- 3.133
```

㉟
```
  6
- 4.379
```

㊱
```
  5
- 0.466
```

자릿수가 다를 때는 소수점 아래 끝 자리에 0이 있는 것으로 생각해.

③⑦
```
  1.3 6 9
- 0.2 3
```

③⑧
```
  3.7 7 3
- 3.4 6
```

③⑨
```
  8.6 4 7
- 3.1 3
```

④⓪
```
  5.2 8 3
- 2.6 1
```

④①
```
  7.7 0 4
- 4.1 5
```

④②
```
  3.6 1 3
- 0.7 1
```

④③
```
  6.3 0 4
- 2.3 3
```

④④
```
  6.0 4 8
- 3.1 9
```

④⑤
```
  7.0 0 9
- 4.6 2
```

④⑥
```
  0.5 4
- 0.2 3 1
```

④⑦
```
  4.4 9
- 1.2 6 5
```

④⑧
```
  5.3 6
- 0.2 4 8
```

④⑨
```
  4.0 3
- 2.5 1 8
```

⑤⓪
```
  6.3 7
- 4.9 0 9
```

⑤①
```
  6.7 5
- 1.6 7 5
```

⑤②
```
  8.5 2
- 3.6 6 4
```

⑤③
```
  4 6
- 1 8.9 4
```

⑤④
```
  6 2
- 4 6.7 7
```

03 가로셈

 세로셈으로 쓰면 계산하기 쉬워.

● 세로셈으로 쓰고 뺄셈을 해 보세요.

① 3.47-1.8

```
    3 . 4  7
-   1 . 8
    1 . 6  7
```

소수점을 기준으로 같은 자리 수끼리
줄을 맞추어 쓰고 계산해요.

② 4.62-3.6

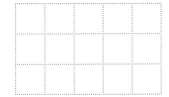

③ 7.28-5.6

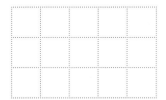

④ 3.3-0.85

⑤ 0.8-0.62

⑥ 1.3-0.74

⑦ 14.99-7.7

⑧ 35.05-5.5

⑨ 25.16-8.3

⑩ 48.3-2.83

⑪ 57.1-4.56

⑫ 75.6-37.42

⑬ 5.281−2.4

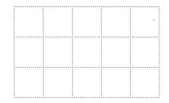

⑭ 7.053−3.8

⑮ 9.365−5.6

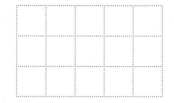

⑯ 3.3−1.856

⑰ 9.2−7.442

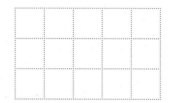

⑱ 7.4−3.958

⑲ 8.063−0.85

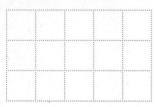

⑳ 3.145−0.69

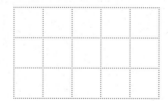

㉑ 4.238−0.74

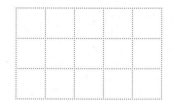

㉒ 6.184−3.15

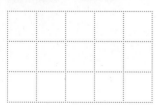

㉓ 4.351−1.07

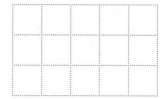

㉔ 5.438−3.24

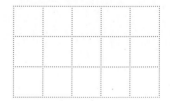

㉕ 4.42−0.372

㉖ 2.03−0.814

㉗ 5.38−0.596

㉘ 8.12−7.808

㉙ 7.96−5.432

㉚ 9.25−6.774

㉛ 8−4.62

㉜ 6−1.349

㉝ 4−0.099

㉞ 70−62.2

㉟ 45−38.7

㊱ 32−17.52

빼셈의 원리

04 여러 가지 수 빼기

● 빼셈을 해 보세요.

① $3.67 - 3.4 = 0.27$

   빼는 수의 자릿수가
달라지면 계산 결과가
달라져요.

  $3.67 - 0.34 = 3.33$

  $3.67 - 0.034 =$

② $4.55 - 3 =$

  $4.55 - 0.3 =$

  $4.55 - 0.03 =$

③ $5.05 - 4 =$

  $5.05 - 0.4 =$

  $5.05 - 0.04 =$

④ $10.76 - 6.5 =$

  $10.76 - 0.65 =$

  $10.76 - 0.065 =$

⑤ $13.86 - 5.8 =$

  $13.86 - 0.58 =$

  $13.86 - 0.058 =$

⑥ $17.6 - 6.9 =$

  $17.6 - 0.69 =$

  $17.6 - 0.069 =$

⑦ $21.3 - 11.4 =$

  $21.3 - 1.14 =$

  $21.3 - 0.114 =$

⑧ $23.9 - 12.3 =$

  $23.9 - 1.23 =$

  $23.9 - 0.123 =$

⑨ 5−2.3=

5−0.23=

5−0.023=

⑩ 8−3.7=

8−0.37=

8−0.037=

⑪ 15.2−8=

15.2−0.8=

15.2−0.08=

⑫ 18.4−5=

18.4−0.5=

18.4−0.05=

⑬ 34.7−12.4=

34.7−1.24=

34.7−0.124=

⑭ 25.8−15.2=

25.8−1.52=

25.8−0.152=

⑮ 47.08−41.5=

47.08−4.15=

47.08−0.415=

⑯ 36.04−11.6=

36.04−1.16=

36.04−0.116=

05 차 구하기 큰 수에서 작은 수를 빼야 차를 구할 수 있어.

● ☐ 안의 수와 주어진 수의 차를 구해 보세요.

①

17.3

8.43

	1	7 .	3	
−		8 .	4	3
		8 .	8	7

17.3>8.43이므로
17.3에서 8.43을 빼요.

14.36

71.3

②

15.5

6.74

8
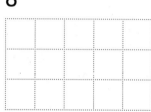

47.33

③

8.4

25.05

9.207
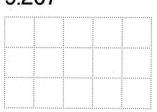

0.69

④

47

23.9

76.4

6.63

146

⑤

13.4

8.53

18.29

40.1

⑥

9.5

8.311

21.04

1.86

⑦

15

37.8

13.14

0.99

⑧

22.6

84

16.2

2.83

수의 크기를 살펴보면 계산하지 않아도 비교할 수 있어.

06 계산하지 않고 크기 비교하기

● 계산하지 않고 크기를 비교하여 계산 결과가 큰 것부터 차례로 번호를 써 보세요.

빼지는 수가 같으므로 빼는 수가 클수록 계산 결과는 작아요.

①
4.65 − ⃝0.37	4.65 − ⃝3.7	4.65 − ⃝0.037
(2)	(3)	(1)

②
25.28 − 1.33	25.28 − 0.133	25.28 − 13.3
( )	( )	( )

③
69.4 − 5.46	69.4 − 54.6	69.4 − 0.546
( )	( )	( )

④
37 − 0.042	37 − 4.2	37 − 0.42
( )	( )	( )

⑤
25 − 8.1	25 − 1.81	25 − 1.489
( )	( )	( )

⑥
45.05 − 5.5	45.05 − 4.38	45.05 − 2.996
( )	( )	( )

계산하기 편리하도록 빼는 수를 바꾸어 나타내.

07 편리한 방법으로 계산하기

● 뺄셈을 해 보세요.

① 3.27−0.9
$$\downarrow$$
3.27−1+0.1= 2.37
2.27
2.37

② 5.25−0.8
$$\downarrow$$
5.25−1+0.2=

③ 4.38−0.7
$$\downarrow$$
4.38−1+0.3=

④ 6.19−0.9
$$\downarrow$$
6.19−1+0.1=

⑤ 4.65−1.9
$$\downarrow$$
4.65−2+0.1=

⑥ 5.86−1.8
$$\downarrow$$
5.86−2+0.2=

⑦ 6.32−2.8
$$\downarrow$$
6.32−3+0.2=

⑧ 9.16−3.9
$$\downarrow$$
9.16−4+0.1=

⑨ 7.523−1.7
$$\downarrow$$
7.523−2+0.3=

⑩ 4.162−1.6
$$\downarrow$$
4.162−2+0.4=

⑪ 10−0.98
↓
10−1+0.02=

⑫ 12−0.96
↓
12−1+0.04=

⑬ 1.2−0.99
↓
1.2−1+0.01=

⑭ 3.4−0.97
↓
3.4−1+0.03=

⑮ 1.573−0.98
↓
1.573−1+0.02=

⑯ 3.265−0.96
↓
3.265−1+0.04=

⑰ 3.9−1.95
↓
3.9−2+0.05=

⑱ 4.5−1.85
↓
4.5−2+0.15=

⑲ 16.3−2.98
↓
16.3−3+0.02=

⑳ 20.5−2.96
↓
20.5−3+0.04=

소수를 이용하면 길이를 한 개의 단위로 나타낼 수 있어.

08 길이의 차 구하기

● 주어진 길이를 m로 나타내어 차를 구해 보세요.

①
| 4 m 27 cm | 2 m 50 cm |

	4	.	2	7
−	2	.	5	
	1	.	7	7

❶ 4 m 27 cm는 4.27 m예요.

❷ 2 m 50 cm는 2.5 m예요.

1.77 m

❸ 차를 구할 때는 큰 수에서 작은 수를 빼요.

❹ 단위를 붙여 답을 써요.

②
| 6 m 28 cm | 3 m 50 cm |

③
| 3 m 40 cm | 85 cm |

④
| 2 m 60 cm | 97 cm |

⑤
| 5 m | 3 m 99 cm |

⑥
| 8 m | 4 m 52 cm |

소수를 이용하면 길이를 한 개의 단위로 나타낼 수 있어.

⑦
80 cm	66 cm

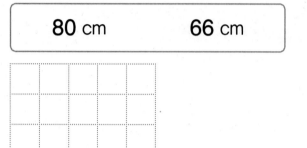

_____

⑧
90 cm	37 cm

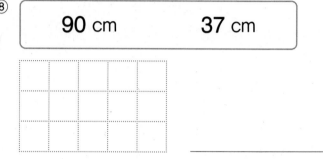

_____

⑨
7 m 80 cm	16 m

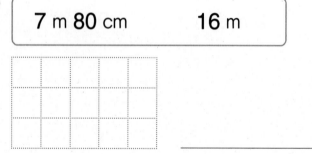

_____

⑩
4 m 26 cm	10 m

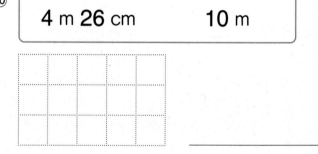

_____

⑪
1 m 58 cm	22 m 40 cm

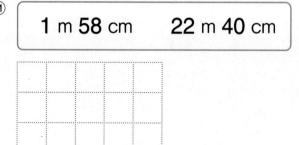

_____

⑫
15 m 42 cm	28 m 90 cm

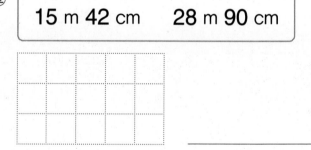

_____

09 빼셈식 완성하기

뺀 수를 다시 더하면 처음 수가 돼.

● 빈칸에 알맞은 수를 써 보세요.

① $\underline{5.78}$ − 1.5 = 4.28

   ↑   ↓   ↓

   $\underline{5.78}$ = $\underline{1.5}$ + $\underline{4.28}$

   뺀 수와 남은 수를 더하면
   빼기 전의 수를 구할 수 있어요.

② _____ − 5.9 = 0.75

   ↑   ↓   ↓

   _____ = _____ + _____

③ _____ − 4.2 = 1.68

   ↑   ↓   ↓

   _____ = _____ + _____

④ _____ − 8.1 = 0.97

   ↑   ↓   ↓

   _____ = _____ + _____

⑤ _____ − 2.7 = 0.924

   ↑   ↓   ↓

   _____ = _____ + _____

⑥ _____ − 7.9 = 0.516

   ↑   ↓   ↓

   _____ = _____ + _____

⑦ _____ − 0.7 = 3.625

   ↑   ↓   ↓

   _____ = _____ + _____

⑧ _____ − 3.4 = 1.682

   ↑   ↓   ↓

   _____ = _____ + _____

⑨ _____ − 23.1 = 17.96

   ↑   ↓   ↓

   _____ = _____ + _____

⑩ _____ − 15.5 = 21.67

   ↑   ↓   ↓

   _____ = _____ + _____

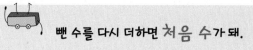
⑪ _____ − 0.78 = 3.72
↑ ↓ ↓
_____ = _____ + _____

⑫ _____ − 6.89 = 0.51
↑ ↓ ↓
_____ = _____ + _____

⑬ _____ − 0.069 = 5.131
↑ ↓ ↓
_____ = _____ + _____

⑭ _____ − 2.743 = 0.057
↑ ↓ ↓
_____ = _____ + _____

⑮ _____ − 2.48 = 13.92
↑ ↓ ↓
_____ = _____ + _____

⑯ _____ − 15.68 = 2.52
↑ ↓ ↓
_____ = _____ + _____

⑰ _____ − 7 = 39.2
↑ ↓ ↓
_____ = _____ + _____

⑱ _____ − 8 = 16.7
↑ ↓ ↓
_____ = _____ + _____

⑲ _____ − 3.98 = 6.02
↑ ↓ ↓
_____ = _____ + _____

⑳ _____ − 3.159 = 4.841
↑ ↓ ↓
_____ = _____ + _____

10 모르는 수 구하기

계산 결과가 처음 수보다 얼마나 작아졌는지 살펴봐.

● □ 안에 알맞은 수를 써 보세요.

① 4.96 − [0.4] = 4.56

4.96에서 얼마를 빼야 4.56이 되는지 생각해요.

② 2.35 − [　] = 0.15

③ 3.67 − [　] = 2.57

④ 3.98 − [　] = 2.18

⑤ 6.32 − [　] = 5.02

⑥ 14.54 − [　] = 13.34

⑦ 5.3 − [　] = 2.39

⑧ 3.6 − [　] = 0.86

⑨ 6.8 − [　] = 5.23

⑩ 8.9 − [　] = 8.53

⑪ 9.3 − [　] = 6.36

⑫ 4.7 − [　] = 2.94

⑬ 14.54 − ☐ = 13.34

⑭ 18.4 − ☐ = 16.45

⑮ 8.85 − ☐ = 7.45

⑯ 4.57 − ☐ = 1.97

⑰ 1.573 − ☐ = 1.363

⑱ 2.857 − ☐ = 1.897

⑲ 4.985 − ☐ = 4.585

⑳ 6.257 − ☐ = 4.457

㉑ 5.762 − ☐ = 4.442

㉒ 3.267 − ☐ = 1.697

㉓ 1.99 − ☐ = 1.734

㉔ 2.74 − ☐ = 1.875

11 등식 완성하기

'='는 '='의 왼쪽과 오른쪽이 같음을 나타내는 기호야.

● '='의 양쪽이 같게 되도록 □ 안에 알맞은 수를 써 보세요.

① $0.9 + 0.9 = 2 - \boxed{0.2}$

$1+1-0.1-0.1$
$=2-0.1-0.1$
$=2-0.2$

② $0.8 + 0.9 = 2 - \boxed{}$

0.99는 1-0.01로 나타낼 수 있어요.

③ $0.9 + 0.7 = 2 - \boxed{}$

④ $0.99 + 0.99 = 2 - \boxed{}$

⑤ $0.98 + 0.99 = 2 - \boxed{}$

⑥ $0.99 + 0.97 = 2 - \boxed{}$

⑦ $0.98 + 0.98 = 2 - \boxed{}$

⑧ $0.97 + 0.96 = 2 - \boxed{}$

⑨ $0.98 + 0.97 = 2 - \boxed{}$

⑩ $0.99 + 0.9 = 2 - \boxed{}$

⑪ $0.9 + 0.98 = 2 - \boxed{}$

⑫ $0.8 + 0.98 = 2 - \boxed{}$

수능까지 연결되는 독해 로드맵

디딤돌 독해력은 수능까지 연결되는 체계적인 라인업을 통하여

수능에서 요구하는 핵심 독해 원리에 대한 이해는 물론,

단계 별로 심화되며 연결되는 학습의 과정을 통해

깊이 있고 종합적인 독해 사고의 능력까지 기를 수 있도록 도와줍니다.

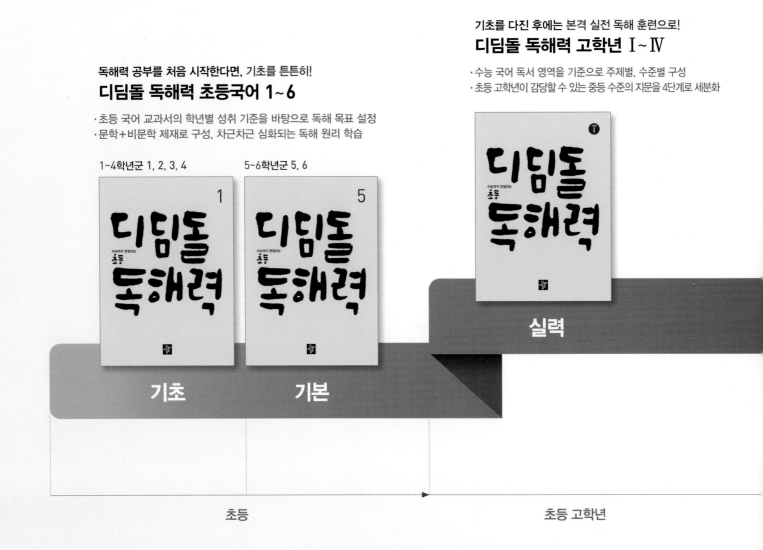

기초를 다진 후에는 본격 실전 독해 훈련으로!
디딤돌 독해력 고학년 Ⅰ~Ⅳ

· 수능 국어 독서 영역을 기준으로 주제별, 수준별 구성
· 초등 고학년이 감당할 수 있는 중등 수준의 지문을 4단계로 세분화

독해력 공부를 처음 시작한다면, 기초를 튼튼히!
디딤돌 독해력 초등국어 1~6

· 초등 국어 교과서의 학년별 성취 기준을 바탕으로 독해 목표 설정
· 문학+비문학 제재로 구성, 차근차근 심화되는 독해 원리 학습

1~4학년군 1, 2, 3, 4   5~6학년군 5, 6

실력

기초   기본

초등   초등 고학년

디딤돌
연산
수학
정답과
학습지도법

디딤돌
연산은
수학이다.
정답과
학습지도법

1 분모가 같은 진분수의 덧셈

분수 계산의 첫 단계에 해당하는 학습입니다. 분수가 나타내는 양을 명확히 이해하게 하여 왜 분모는 그대로 두고 분자끼리만 더하는 것인지 알 수 있게 합니다. 계산 결과가 가분수이면 대분수로 나타내도록 하는데 이것은 의무적인 것은 아니며 답을 가분수로 적은 것도 정답으로 인정합니다. 또한 약분에 대해 학습하기 전이므로 결과를 기약분수로 나타내지 않아도 됩니다.

01 수직선을 보고 덧셈하기 8쪽

① $\frac{4}{5}$, $\frac{4}{5}$

② $\frac{5}{6}$, $\frac{5}{6}$

③ $\frac{6}{8}$, $\frac{6}{8}$

④ $\frac{7}{9}$, $\frac{7}{9}$

⑤ $\frac{8}{9}$, $\frac{8}{9}$

⑥ $\frac{9}{11}$, $\frac{9}{11}$

덧셈의 원리 ● 계산 원리 이해

02 합이 1보다 작은 두 분수의 덧셈 9~11쪽

① $\frac{3}{4}$ ② $\frac{4}{5}$

③ $\frac{5}{7}$ ④ $\frac{7}{8}$

⑤ $\frac{6}{9}$ ⑥ $\frac{8}{11}$

⑦ $\frac{5}{7}$ ⑧ $\frac{5}{6}$

⑨ $\frac{4}{8}$ ⑩ $\frac{7}{9}$

⑪ $\frac{6}{7}$ ⑫ $\frac{9}{10}$

⑬ $\frac{5}{9}$ ⑭ $\frac{6}{14}$

⑮ $\frac{9}{11}$ ⑯ $\frac{10}{13}$

⑰ $\frac{9}{18}$ ⑱ $\frac{15}{17}$

⑲ $\frac{11}{20}$ ⑳ $\frac{17}{18}$

㉑ $\frac{10}{19}$ ㉒ $\frac{13}{22}$

㉓ $\frac{15}{17}$ ㉔ $\frac{12}{13}$

㉕ $\frac{9}{16}$ ㉖ $\frac{13}{21}$

㉗ $\frac{16}{23}$ ㉘ $\frac{10}{12}$

㉙ $\frac{14}{25}$ ㉚ $\frac{14}{24}$

㉛ $\frac{16}{18}$ ㉜ $\frac{24}{26}$

㉝ $\frac{20}{30}$ ㉞ $\frac{21}{22}$

㉟ $\frac{16}{20}$ ㊱ $\frac{26}{29}$

㊲ $\frac{22}{27}$ ㊳ $\frac{22}{28}$

㊴ $\frac{18}{19}$ ㊵ $\frac{21}{25}$

㊶ $\frac{23}{30}$ ㊷ $\frac{18}{22}$

㊸ $\frac{23}{29}$ ㊹ $\frac{24}{31}$

㊺ $\frac{23}{36}$ ㊻ $\frac{33}{37}$

㊼ $\frac{24}{44}$ ㊽ $\frac{30}{38}$

㊾ $\frac{32}{35}$ ㊿ $\frac{34}{55}$

(51) $\frac{32}{43}$

(52) $\frac{35}{51}$

덧셈의 원리 ● 계산 방법 이해

① $1\dfrac{1}{4}$ ② $1\dfrac{2}{5}$

③ $1\dfrac{1}{6}$ ④ $1\dfrac{1}{3}$

⑤ $1\dfrac{2}{7}$ ⑥ $1\dfrac{1}{8}$

⑦ $1\dfrac{1}{9}$ ⑧ $1\dfrac{5}{7}$

⑨ $1\dfrac{4}{8}$ ⑩ $1\dfrac{4}{9}$

⑪ $1\dfrac{2}{6}$ ⑫ $1\dfrac{3}{7}$

⑬ $1\dfrac{3}{8}$ ⑭ $1\dfrac{6}{9}$

⑮ $1\dfrac{1}{10}$ ⑯ $1\dfrac{3}{11}$

⑰ $1\dfrac{3}{14}$ ⑱ $1\dfrac{1}{15}$

⑲ $1\dfrac{1}{16}$ ⑳ $1\dfrac{1}{13}$

㉑ $1\dfrac{2}{15}$ ㉒ $1\dfrac{2}{16}$

㉓ $1\dfrac{7}{13}$ ㉔ $1\dfrac{5}{20}$

㉕ $1\dfrac{3}{19}$ ㉖ $1\dfrac{4}{18}$

㉗ $1\dfrac{4}{17}$ ㉘ $1\dfrac{3}{21}$

㉙ $1\dfrac{2}{22}$ ㉚ $1\dfrac{7}{15}$

㉛ $1\dfrac{5}{18}$ ㉜ $1\dfrac{6}{29}$

㉝ $1\dfrac{4}{28}$ ㉞ $1\dfrac{11}{27}$

㉟ $1\dfrac{11}{33}$ ㊱ $1\dfrac{7}{35}$

덧셈의 원리 ● 계산 방법 이해

① $\dfrac{3}{4}$ ② $1\dfrac{1}{5}$

③ $1\dfrac{2}{4}$ ④ $1\dfrac{4}{5}$

⑤ $1\dfrac{2}{7}$ ⑥ $1\dfrac{1}{8}$

⑦ $1\dfrac{3}{9}$ ⑧ $1\dfrac{2}{10}$

⑨ $1\dfrac{1}{5}$ ⑩ $1\dfrac{1}{8}$

⑪ $1\dfrac{5}{7}$

⑫ $1\dfrac{5}{10}$

⑬ $\dfrac{8}{9}$ ⑭ $2\dfrac{2}{5}$

⑮ $1\dfrac{4}{6}$ ⑯ $1\dfrac{3}{7}$

⑰ $1\dfrac{2}{8}$ ⑱ $1\dfrac{5}{9}$

⑲ $2\dfrac{2}{8}$ ⑳ $1\dfrac{7}{9}$

㉑ $1\dfrac{6}{7}$ ㉒ $2\dfrac{4}{10}$

㉓ $2\dfrac{6}{7}$ ㉔ $3\dfrac{1}{8}$

㉕ $2\dfrac{5}{10}$ ㉖ $2\dfrac{5}{9}$

덧셈의 원리 ● 계산 방법 이해

① 1   ② 1

③ 1   ④ 1

⑤ 1   ⑥ 1

⑦ 1   ⑧ 1

⑨ 1   ⑩ 1

⑪ 1   ⑫ 1

⑬ 1   ⑭ 1

⑮ 2   ⑯ 1

⑰ 2   ⑱ 2

⑲ 1   ⑳ 1

㉑ 2   ㉒ 2

㉓ 1   ㉔ 2

㉕ 2   ㉖ 3

㉗ 2   ㉘ 3

덧셈의 원리 ● 계산 원리 이해

06 여러 가지 분수 더하기   **18~19쪽**

① $\frac{4}{8}$, $\frac{5}{8}$, $\frac{6}{8}$, $\frac{7}{8}$, 1, $1\frac{1}{8}$, $1\frac{2}{8}$

② $\frac{5}{9}$, $\frac{6}{9}$, $\frac{7}{9}$, $\frac{8}{9}$, 1, $1\frac{1}{9}$, $1\frac{2}{9}$

③ $\frac{7}{10}$, $\frac{8}{10}$, $\frac{9}{10}$, 1, $1\frac{1}{10}$, $1\frac{2}{10}$, $1\frac{3}{10}$

④ $\frac{7}{11}$, $\frac{8}{11}$, $\frac{9}{11}$, $\frac{10}{11}$, 1, $1\frac{1}{11}$, $1\frac{2}{11}$

⑤ $1\frac{6}{12}$, $1\frac{5}{12}$, $1\frac{4}{12}$, $1\frac{3}{12}$, $1\frac{2}{12}$, $1\frac{1}{12}$, 1, $\frac{11}{12}$

⑥ $1\frac{4}{15}$, $1\frac{3}{15}$, $1\frac{2}{15}$, $1\frac{1}{15}$, 1, $\frac{14}{15}$, $\frac{13}{15}$, $\frac{12}{15}$

⑦ $1\frac{4}{20}$, $1\frac{3}{20}$, $1\frac{2}{20}$, $1\frac{1}{20}$, 1, $\frac{19}{20}$, $\frac{18}{20}$, $\frac{17}{20}$

⑧ $1\frac{5}{23}$, $1\frac{4}{23}$, $1\frac{3}{23}$, $1\frac{2}{23}$, $1\frac{1}{23}$, 1, $\frac{22}{23}$, $\frac{21}{23}$

덧셈의 원리 ● 계산 원리 이해

① $\frac{4}{9}$, $\frac{4}{9}$, $\frac{4}{9}$ ② 1, 1, 1

③ $\frac{6}{7}$, $\frac{6}{7}$, $\frac{6}{7}$ ④ $\frac{7}{8}$, $\frac{7}{8}$, $\frac{7}{8}$

⑤ $\frac{8}{9}$, $\frac{8}{9}$, $\frac{3}{9}$ ⑥ $\frac{9}{10}$, $\frac{9}{10}$, $\frac{4}{10}$

⑦ $\frac{7}{11}$, $\frac{7}{11}$, $\frac{7}{11}$ ⑧ $\frac{10}{13}$, $\frac{10}{13}$, $\frac{10}{13}$

⑨ $\frac{10}{12}$, $\frac{10}{12}$, $\frac{10}{12}$ ⑩ $\frac{13}{16}$, $\frac{13}{16}$, $\frac{13}{16}$

⑪ $\frac{9}{14}$, $\frac{9}{14}$, $\frac{4}{14}$ ⑫ $\frac{11}{15}$, $\frac{11}{15}$, $\frac{7}{15}$

덧셈의 원리 ● 계산 원리 이해

08 계산 결과 어림하기   **22쪽**

① $\frac{2}{3}+\frac{2}{3}$에 ○표

② $\frac{5}{9}+\frac{5}{9}$, $\frac{4}{6}+\frac{3}{6}$에 ○표

③ $\frac{5}{8}+\frac{6}{8}$, $\frac{4}{9}+\frac{7}{9}$에 ○표

④ $\frac{7}{13}+\frac{8}{13}$, $\frac{12}{17}+\frac{6}{17}$에 ○표

⑤ $\frac{12}{13}+\frac{8}{13}$에 ○표

⑥ $\frac{15}{26}+\frac{13}{26}$, $\frac{16}{30}+\frac{16}{30}$에 ○표

덧셈의 감각 ● 어림하기

어림하기
계산을 하기 전에 가능한 답의 범위를 생각해 보는 것은 계산 원리를 이해하는 데 도움이 될 뿐만 아니라 수와 연산 감각을 길러줍니다. 따라서 정확한 값을 내는 훈련만 반복하는 것이 아니라 연산의 감각을 개발하여 보다 합리적으로 문제를 해결할 수 있는 능력을 길러주세요.

09 같은 분수의 합으로 나타내기 23쪽

① $\dfrac{1}{3}, \dfrac{1}{3}$ ② $\dfrac{1}{5}, \dfrac{1}{5}$

③ $\dfrac{2}{5}, \dfrac{2}{5}$ ④ $\dfrac{1}{9}, \dfrac{1}{9}$

⑤ $\dfrac{2}{7}, \dfrac{2}{7}$ ⑥ $\dfrac{3}{8}, \dfrac{3}{8}$

⑦ $\dfrac{2}{6}, \dfrac{2}{6}$ ⑧ $\dfrac{2}{9}, \dfrac{2}{9}$

⑨ $\dfrac{3}{7}, \dfrac{3}{7}$ ⑩ $\dfrac{4}{9}, \dfrac{4}{9}$

⑪ $\dfrac{3}{9}, \dfrac{3}{9}$ ⑫ $\dfrac{2}{8}, \dfrac{2}{8}$

⑬ $\dfrac{1}{5}, \dfrac{1}{5}, \dfrac{1}{5}$ ⑭ $\dfrac{1}{7}, \dfrac{1}{7}, \dfrac{1}{7}$

⑮ $\dfrac{2}{9}, \dfrac{2}{9}, \dfrac{2}{9}$ ⑯ $\dfrac{2}{8}, \dfrac{2}{8}, \dfrac{2}{8}$

덧셈의 감각 ● 수의 조작

수 감각

수 감각은 수와 계산에 대한 직관적인 느낌을 말하며 다양한 방법으로 수학 문제를 해결할 수 있도록 도와줍니다. 따라서 초중고 전체의 수학 학습에 큰 영향을 주지만 그 감각을 기를 수 있는 충분한 훈련은 초등 단계에서 이루어져야 합니다. 하나의 연산을 다양한 각도에서 바라보고, 수 조작력을 발휘하여 수 감각을 기를 수 있도록 지도해 주세요.

10 합이 자연수가 되도록 식 완성하기 24쪽

① $\dfrac{2}{4}$ ② $\dfrac{2}{5}$

③ $\dfrac{4}{7}$ ④ $\dfrac{4}{8}$

⑤ $\dfrac{2}{6}$ ⑥ $\dfrac{1}{8}$

⑦ $\dfrac{2}{7}$ ⑧ $\dfrac{3}{9}$

⑨ $\dfrac{4}{5}$ ⑩ $\dfrac{5}{6}$

⑪ $\dfrac{5}{8}$ ⑫ $\dfrac{4}{9}$

⑬ $\dfrac{6}{10}$ ⑭ $\dfrac{8}{11}$

⑮ $\dfrac{9}{13}$ ⑯ $\dfrac{12}{15}$

덧셈의 감각 ● 수의 조작

11 분수를 덧셈식으로 나타내기 25쪽

① 예 1, 3 ② 예 2, 3

③ 예 3, 4 ④ 예 4, 5

⑤ 예 10, 4 ⑥ 예 2, 8

⑦ 예 7, 4 ⑧ 예 9, 6

⑨ 예 9, 9 ⑩ 예 11, 11

⑪ 예 10, 7 ⑫ 예 17, 2

⑬ 예 10, 2 ⑭ 예 13, 6

⑮ 예 10, 8 ⑯ 예 13, 7

덧셈의 감각 ● 덧셈의 다양성

2 분모가 같은 대분수의 덧셈

앞에서 배운 진분수의 덧셈 방법을 이용합니다.
(대분수)=(자연수)+(진분수)임을 이해하게 하여 자연수끼리, 분수끼리 더할 수 있도록 지도해 주세요. 대분수의 덧셈에서는 분수끼리의 합이 가분수인 경우 올림을 하지 않아 틀리는 실수를 자주 범하게 됩니다. 따라서 대분수의 구조를 생각하게 하여 반드시 자연수로 올림하여 나타낼 수 있게 해 주세요.

01 색칠하여 합 구하기 28쪽

① 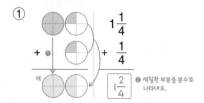 $1\frac{1}{4}$
$+\ \frac{1}{4}$
예 $1\frac{2}{4}$ ❷ 색칠한 부분을 분수로 나타내요.

② 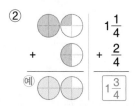 $1\frac{1}{4}$
$+\ \frac{2}{4}$
예 $1\frac{3}{4}$

③ 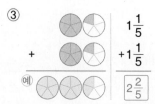 $1\frac{1}{5}$
$+1\frac{1}{5}$
예 $2\frac{2}{5}$

④ 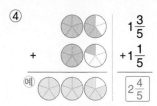 $1\frac{3}{5}$
$+1\frac{1}{5}$
예 $2\frac{4}{5}$

⑤ 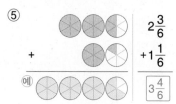 $2\frac{3}{6}$
$+1\frac{1}{6}$
예 $3\frac{4}{6}$

⑥ 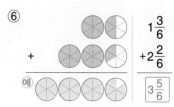 $1\frac{3}{6}$
$+2\frac{2}{6}$
예 $3\frac{5}{6}$

덧셈의 원리 ● 계산 원리 이해

02 올림이 없는 두 분수의 덧셈 29~30쪽

① $2\frac{3}{5}$ ② $2\frac{6}{7}$

③ $3\frac{2}{3}$ ④ $3\frac{3}{4}$

⑤ $8\frac{5}{8}$ ⑥ $8\frac{4}{6}$

⑦ $8\frac{4}{7}$ ⑧ $5\frac{8}{9}$

⑨ $7\frac{9}{10}$ ⑩ $3\frac{9}{14}$

⑪ $8\frac{11}{12}$ ⑫ $8\frac{10}{11}$

⑬ $6\frac{12}{15}$ ⑭ $9\frac{11}{13}$

⑮ $7\frac{12}{16}$

⑯ $7\frac{9}{22}$

⑰ $12\frac{14}{19}$ ⑱ $6\frac{13}{14}$

⑲ $6\frac{16}{20}$ ⑳ $12\frac{19}{23}$

㉑ $10\frac{18}{27}$ ㉒ $11\frac{20}{21}$

㉓ $4\frac{24}{25}$ ㉔ $12\frac{21}{26}$

㉕ $13\frac{23}{24}$ ㉖ $13\frac{24}{28}$

㉗ $5\frac{21}{22}$ ㉘ $6\frac{25}{29}$

㉙ $7\frac{22}{23}$ ㉚ $8\frac{23}{25}$

㉛ $9\frac{25}{27}$ ㉜ $9\frac{25}{26}$

㉝ $9\frac{28}{29}$ ㉞ $8\frac{26}{30}$

덧셈의 원리 ● 계산 방법 이해

03 올림이 있는 두 분수의 덧셈 31~33쪽

① $4\frac{1}{3}$ ② $4\frac{1}{4}$
③ $6\frac{2}{5}$ ④ 8
⑤ $6\frac{2}{8}$ ⑥ $9\frac{1}{6}$
⑦ $12\frac{1}{9}$ ⑧ $8\frac{2}{4}$
⑨ $7\frac{4}{7}$ ⑩ $13\frac{2}{8}$
⑪ $11\frac{3}{7}$ ⑫ $13\frac{3}{6}$
⑬ $6\frac{1}{15}$ ⑭ $4\frac{2}{13}$
⑮ $7\frac{1}{14}$ ⑯ $8\frac{2}{12}$
⑰ $7\frac{1}{16}$ ⑱ $10\frac{4}{11}$
⑲ $14\frac{1}{14}$ ⑳ $14\frac{1}{12}$
㉑ 16 ㉒ $15\frac{2}{16}$
㉓ $6\frac{1}{17}$ ㉔ $7\frac{1}{18}$
㉕ $8\frac{2}{13}$ ㉖ $6\frac{2}{17}$
㉗ $7\frac{1}{14}$ ㉘ $8\frac{1}{19}$
㉙ 7 ㉚ $8\frac{4}{12}$
㉛ $9\frac{2}{15}$ ㉜ $10\frac{1}{16}$
㉝ 9 ㉞ $6\frac{1}{21}$
㉟ $8\frac{4}{22}$ ㊱ $7\frac{4}{19}$
㊲ $8\frac{2}{18}$ ㊳ $9\frac{7}{23}$
㊴ 14 ㊵ $11\frac{4}{24}$
㊶ $11\frac{2}{25}$ ㊷ $8\frac{10}{19}$
㊸ $6\frac{8}{21}$ ㊹ $7\frac{10}{22}$
㊺ $8\frac{4}{26}$ ㊻ $10\frac{1}{28}$
㊼ $10\frac{2}{29}$ ㊽ $5\frac{9}{15}$
㊾ $14\frac{5}{27}$ ㊿ $12\frac{2}{33}$
(51) $9\frac{10}{30}$ (52) $12\frac{13}{35}$
(53) $9\frac{2}{39}$ (54) $14\frac{6}{36}$

덧셈의 원리 ● 계산 방법 이해

04 여러 가지 분수 더하기 34~35쪽

① $2\frac{4}{8}$, $2\frac{5}{8}$, $2\frac{6}{8}$, $2\frac{7}{8}$, 3, $3\frac{1}{8}$, $3\frac{2}{8}$
② $3\frac{6}{9}$, $3\frac{7}{9}$, $3\frac{8}{9}$, 4, $4\frac{1}{9}$, $4\frac{2}{9}$, $4\frac{3}{9}$
③ $2\frac{7}{10}$, $2\frac{8}{10}$, $2\frac{9}{10}$, 3, $3\frac{1}{10}$, $3\frac{2}{10}$, $3\frac{3}{10}$
④ $2\frac{9}{11}$, $2\frac{10}{11}$, 3, $3\frac{1}{11}$, $3\frac{2}{11}$, $3\frac{3}{11}$, $3\frac{4}{11}$
⑤ $4\frac{4}{12}$, $4\frac{3}{12}$, $4\frac{2}{12}$, $4\frac{1}{12}$, 4, $3\frac{11}{12}$, $3\frac{10}{12}$
⑥ $3\frac{4}{15}$, $3\frac{3}{15}$, $3\frac{2}{15}$, $3\frac{1}{15}$, 3, $2\frac{14}{15}$, $2\frac{13}{15}$
⑦ $4\frac{3}{20}$, $4\frac{2}{20}$, $4\frac{1}{20}$, 4, $3\frac{19}{20}$, $3\frac{18}{20}$, $3\frac{17}{20}$
⑧ $4\frac{6}{24}$, $4\frac{5}{24}$, $4\frac{4}{24}$, $4\frac{3}{24}$, $4\frac{2}{24}$, $4\frac{1}{24}$, 4

덧셈의 원리 ● 계산 원리 이해

05 다르면서 같은 덧셈 36~37쪽

① 3, 3, 3 ② 4, 4, 4
③ 5, 5, 5 ④ 6, 6, 6
⑤ 7, 7, 9 ⑥ 8, 8, 6
⑦ 9, 9, 9 ⑧ 10, 10, 10
⑨ 7, 7, 7 ⑩ 9, 9, 9
⑪ 10, 10, 10 ⑫ 7, 7, 11

덧셈의 원리 ● 계산 원리 이해

06 계산 결과 어림하기   38쪽

① $2\frac{1}{5}+2\frac{1}{5}$, $2\frac{4}{5}+1\frac{3}{5}$에 ○표

② $1\frac{2}{7}+4\frac{3}{7}$, $2\frac{5}{7}+2\frac{3}{7}$에 ○표

③ $3\frac{5}{8}+2\frac{4}{8}$, $3\frac{1}{8}+3\frac{1}{8}$에 ○표

④ $4\frac{5}{10}+3\frac{3}{10}$, $2\frac{7}{10}+4\frac{7}{10}$에 ○표

⑤ $4\frac{5}{12}+3\frac{8}{12}$, $3\frac{6}{12}+4\frac{9}{12}$에 ○표

⑥ $4\frac{9}{15}+4\frac{8}{15}$, $5\frac{6}{15}+3\frac{11}{15}$에 ○표

덧셈의 감각 ● 어림하기

07 셋 이상의 분수의 덧셈   39~40쪽

① $3\frac{3}{4}$ ② $3\frac{3}{5}$

③ $3\frac{6}{7}$ ④ $3\frac{6}{8}$

⑤ $3\frac{9}{10}$ ⑥ $3\frac{8}{9}$

⑦ $6\frac{3}{7}$ ⑧ $6\frac{9}{10}$

⑨ $6\frac{6}{8}$ ⑩ $6\frac{10}{12}$

⑪ 4   ⑫ 4

⑬ 7   ⑭ 7

⑮ $4\frac{1}{8}$ ⑯ $4\frac{2}{4}$

⑰ $4\frac{2}{7}$ ⑱ 4

⑲ $7\frac{1}{5}$ ⑳ $7\frac{3}{6}$

㉑ $7\frac{1}{5}$ ㉒ $7\frac{4}{8}$

㉓ $9\frac{4}{6}$ ㉔ $9\frac{3}{7}$

㉕ $9\frac{7}{10}$ ㉖ $10\frac{1}{9}$

㉗ 5   ㉘ 6

덧셈의 원리 ● 계산 방법 이해

08 묶어서 더하기   41~42쪽

① $3\frac{3}{4}$, $7\frac{1}{4}$ / 6, $7\frac{1}{4}$

② $7\frac{3}{6}$, $9\frac{2}{6}$ / 5, $9\frac{2}{6}$

③ $4\frac{1}{7}$, $7\frac{3}{7}$ / 5, $7\frac{3}{7}$

④ $5\frac{7}{9}$, $7\frac{2}{9}$ / 4, $7\frac{2}{9}$

⑤ $8\frac{2}{11}$, $11\frac{5}{11}$ / 7, $11\frac{5}{11}$

⑥ $13\frac{14}{15}$, $17\frac{8}{15}$ / 12, $17\frac{8}{15}$

⑦ $10\frac{7}{20}$, $12\frac{14}{20}$ / 6, $12\frac{14}{20}$

⑧ $11\frac{11}{23}$, $12\frac{21}{23}$ / 10, $12\frac{21}{23}$

덧셈의 성질 ● 결합법칙

결합법칙

결합법칙은 셋 이상의 수의 연산에서 순서를 바꾸어 계산해도 그 결과가 같다는 법칙으로 +와 ×에서만 성립합니다. 초등 과정에서는 사칙연산만 다루지만 중고등 학습에서는 '임의의 연산'을 가정하여 연산의 범위를 확장하게 되는데, 이때 결합법칙, 교환법칙 등의 성립 여부로 '임의의 연산'을 정의합니다. 결합법칙의 뜻 자체는 어렵지 않지만 숙지하고 있지 않다면 문제에 능숙하게 적용하기 어려울 수 있으므로 쉬운 연산 학습에서부터 결합법칙을 경험하고 이해할 수 있게 해 주세요.

09 등식 완성하기
43~44쪽

① 1　　　　　② 3
③ 6　　　　　④ 1
⑤ 3　　　　　⑥ 5
⑦ 3　　　　　⑧ 5
⑨ 3　　　　　⑩ 4
⑪ 8　　　　　⑫ 1
⑬ 2　　　　　⑭ 15
⑮ 5　　　　　⑯ 6
⑰ 9　　　　　⑱ 5
⑲ 7　　　　　⑳ 10

덧셈의 성질 ● 등식

등식

등식은 =의 양쪽 값이 같음을 나타낸 식입니다. 수학 문제를 풀 때 결과를 =의 오른쪽에 자연스럽게 쓰지만 학생들이 =의 의미를 간과한 채 사용하기 쉽습니다. 간단한 연산 문제를 푸는 시기부터 등식의 개념을 이해하고 =를 사용한다면 초등 고학년과 중등으로 이어지는 학습에서 등식, 방정식의 개념을 쉽게 이해할 수 있습니다.

10 합이 자연수가 되는 분수
45쪽

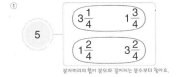
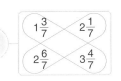

붙자끼리의 합이 분모와 같아지는 분수부터 찾아요.

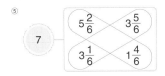
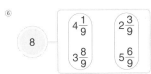

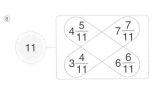

덧셈의 감각 ● 덧셈의 다양성

3 분모가 같은 진분수의 뺄셈

진분수의 덧셈과 마찬가지로 분수가 나타내는 양을 명확히 이해하게 하여 왜 분모는 그대로 두고 분자끼리 빼는 것인지 알 수 있게 합니다. 진분수끼리의 뺄셈과 함께 (자연수)−(진분수)도 학습하게 되는데, 이때 분수에서의 1의 의미를 이해하고 계산할 수 있게 해 주세요. 분수에서의 1은 다음 단원에서 배우게 될 받아내림이 있는 분수의 뺄셈과도 연계됩니다.

01 수직선을 보고 뺄셈하기
48쪽

① $\frac{1}{5}$, $\frac{1}{5}$

② $\frac{2}{7}$, $\frac{2}{7}$

③ $\frac{4}{8}$, $\frac{4}{8}$

④ $\frac{3}{9}$, $\frac{3}{9}$

⑤ $\frac{3}{10}$, $\frac{3}{10}$

⑥ $\frac{4}{11}$, $\frac{4}{11}$

뺄셈의 원리 ● 계산 방법 이해

02 두 분수의 뺄셈
49~51쪽

① $\frac{1}{3}$　　　　② $\frac{1}{5}$

③ $\frac{2}{4}$　　　　④ $\frac{2}{6}$

⑤ $\frac{3}{7}$　　　　⑥ $\frac{5}{8}$

⑦ $\frac{3}{5}$　　　　⑧ $\frac{1}{9}$

⑨ $\frac{5}{9}$　　　　⑩ 0

⑪ $\frac{4}{10}$

⑫ $\frac{4}{15}$　　　　⑬ $\frac{5}{14}$

⑭ $\frac{5}{16}$　　　　⑮ $\frac{1}{19}$

⑯ $\frac{6}{11}$　　　　⑰ $\frac{5}{14}$

⑱ $\frac{1}{13}$ ⑲ 0

⑳ $\frac{6}{12}$ ㉑ $\frac{4}{18}$

㉒ $\frac{2}{17}$ ㉓ $\frac{6}{20}$

㉔ 0 ㉕ $\frac{3}{27}$

㉖ $\frac{6}{19}$ ㉗ $\frac{3}{22}$

㉘ $\frac{1}{23}$ ㉙ $\frac{7}{25}$

㉚ $\frac{11}{14}$ ㉛ $\frac{6}{11}$

㉜ $\frac{11}{19}$ ㉝ $\frac{6}{16}$

㉞ $\frac{13}{20}$ ㉟ $\frac{5}{22}$

㊱ $\frac{5}{17}$ ㊲ $\frac{9}{25}$

㊳ $\frac{10}{16}$ ㊴ $\frac{5}{18}$

㊵ $\frac{14}{19}$ ㊶ $\frac{7}{17}$

㊷ $\frac{7}{21}$ ㊸ $\frac{6}{24}$

㊹ $\frac{5}{29}$ ㊺ $\frac{1}{15}$

㊻ 0 ㊼ $\frac{3}{19}$

㊽ $\frac{5}{22}$ ㊾ $\frac{3}{25}$

㊿ $\frac{3}{18}$ �51 $\frac{1}{23}$

�52 $\frac{3}{27}$ �53 0

뺄셈의 원리 ● 계산 방법 이해

03 1에서 분수를 빼기　　52쪽

① $\frac{1}{2}$ ② $\frac{2}{5}$

③ $\frac{6}{7}$ ④ $\frac{2}{6}$

⑤ $\frac{3}{8}$ ⑥ $\frac{7}{9}$

⑦ $\frac{10}{11}$ ⑧ $\frac{4}{13}$

⑨ $\frac{11}{15}$ ⑩ $\frac{12}{16}$

⑪ $\frac{12}{17}$ ⑫ $\frac{4}{19}$

⑬ $\frac{12}{18}$ ⑭ $\frac{1}{20}$

⑮ $\frac{10}{21}$

⑯ $\frac{15}{23}$

뺄셈의 원리 ● 계산 원리 이해

04 정해진 수 빼기　　53~54쪽

① $\frac{1}{6}$, $\frac{2}{6}$, $\frac{3}{6}$, $\frac{4}{6}$

② $\frac{2}{7}$, $\frac{3}{7}$, $\frac{4}{7}$, $\frac{5}{7}$

③ $\frac{2}{8}$, $\frac{3}{8}$, $\frac{4}{8}$, $\frac{5}{8}$

④ $\frac{2}{9}$, $\frac{3}{9}$, $\frac{4}{9}$, $\frac{5}{9}$

⑤ $\frac{3}{11}$, $\frac{4}{11}$, $\frac{5}{11}$, $\frac{6}{11}$

⑥ $\frac{3}{7}$, $\frac{2}{7}$, $\frac{1}{7}$, 0

⑦ $\frac{6}{9}$, $\frac{5}{9}$, $\frac{4}{9}$, $\frac{3}{9}$

⑧ $\frac{3}{8}$, $\frac{2}{8}$, $\frac{1}{8}$, 0

⑨ $\frac{6}{10}$, $\frac{5}{10}$, $\frac{4}{10}$, $\frac{3}{10}$

⑩ $\frac{12}{15}$, $\frac{11}{15}$, $\frac{10}{15}$, $\frac{9}{15}$

뺄셈의 원리 ● 계산 원리 이해

05 계산하지 않고 크기 비교하기　　55쪽

① $\frac{9}{10}-\frac{1}{10}$에 ○표, $\frac{9}{10}-\frac{8}{10}$에 △표

② $\frac{10}{12}-\frac{3}{12}$에 ○표, $\frac{10}{12}-\frac{10}{12}$에 △표

③ $\frac{18}{19}-\frac{2}{19}$에 ○표, $\frac{18}{19}-\frac{15}{19}$에 △표

④ $1-\frac{1}{8}$에 ○표, $1-\frac{7}{8}$에 △표

⑤ $\frac{14}{15}-\frac{7}{15}$에 ○표, $\frac{8}{15}-\frac{7}{15}$에 △표

⑥ $\frac{19}{21}-\frac{10}{21}$에 ○표, $\frac{12}{21}-\frac{10}{21}$에 △표

뺄셈의 원리 ● 계산 원리 이해

06 셋 이상의 분수의 덧셈과 뺄셈　　56~57쪽

① $\frac{2}{5}$　　② $\frac{3}{6}$

③ $\frac{4}{7}$　　④ $\frac{5}{9}$

⑤ $\frac{4}{8}$　　⑥ $\frac{1}{7}$

⑦ $\frac{2}{9}$　　⑧ $\frac{1}{9}$

⑨ $\frac{2}{4}$　　⑩ $\frac{3}{6}$

　　　　⑪ $\frac{4}{9}$

　　　　⑫ $\frac{1}{8}$

⑬ $1\frac{1}{4}$　　⑭ 1

⑮ 1　　⑯ $1\frac{1}{9}$

⑰ 0　　⑱ $\frac{4}{8}$

⑲ $\frac{1}{6}$　　⑳ $\frac{4}{9}$

㉑ 0　　㉒ $\frac{3}{10}$

㉓ $\frac{2}{8}$　　㉔ $\frac{2}{9}$

㉕ $\frac{1}{7}$　　㉖ $\frac{2}{8}$

뺄셈의 원리 ● 계산 방법 이해

07 다르면서 같은 뺄셈　　58~59쪽

① $\frac{2}{7}$, $\frac{2}{7}$, $\frac{2}{7}$　　② $\frac{3}{8}$, $\frac{3}{8}$, $\frac{3}{8}$

③ $\frac{3}{9}$, $\frac{3}{9}$, $\frac{3}{9}$　　④ $\frac{4}{11}$, $\frac{4}{11}$, $\frac{4}{11}$

⑤ $\frac{3}{10}$, $\frac{3}{10}$, $\frac{6}{10}$　　⑥ $\frac{9}{16}$, $\frac{9}{16}$, $\frac{5}{16}$

⑦ $\frac{3}{15}$, $\frac{3}{15}$, $\frac{3}{15}$　　⑧ $\frac{12}{20}$, $\frac{12}{20}$, $\frac{12}{20}$

⑨ $\frac{6}{22}$, $\frac{6}{22}$, $\frac{6}{22}$　　⑩ $\frac{7}{25}$, $\frac{7}{25}$, $\frac{7}{25}$

⑪ $\frac{10}{28}$, $\frac{10}{28}$, $\frac{11}{28}$　　⑫ $\frac{14}{30}$, $\frac{14}{30}$, $\frac{11}{30}$

뺄셈의 원리 ● 계산 원리 이해

08 0이 되는 식 만들기　　60쪽

① $\frac{5}{6}$　　② $\frac{7}{8}$

③ $\frac{3}{7}$　　④ $\frac{3}{4}$

⑤ $\frac{5}{7}$　　⑥ $\frac{2}{15}$

⑦ $\frac{8}{14}$　　⑧ $\frac{7}{19}$

⑨ $\frac{11}{15}$　　⑩ $\frac{5}{6}$

⑪ $\frac{5}{8}$　　⑫ $\frac{9}{13}$

뺄셈의 감각 ● 수의 조작

> **역원**
>
> 역원은 연산을 한 결과가 항등원이 되도록 만들어 주는 수를 뜻합니다. 예를 들어 $a+b=b+a=0$이면 b는 a의 덧셈에 대한 역원이고, $a×b=b×a=1$이면 b는 a의 곱셈에 대한 역원입니다. 역원이라는 용어는 항등원과 함께 고등에서 다뤄지지만 중등에서 '역수'를 다루면서 자연스럽게 그 개념을 배우게 됩니다. 최상위 연산에서는 '0이 되는 덧셈/뺄셈', '1이 되는 곱셈'을 통해 초등 단계부터 역원의 개념을 경험할 수 있도록 하였습니다.

뺄셈의 감각 ● 뺄셈의 다양성

4 분모가 같은 대분수의 뺄셈

앞에서 배운 진분수의 뺄셈 방법을 이용합니다.
(대분수)=(자연수)+(진분수)임을 이해하게 하여 자연수끼리, 분수끼리 뺄 수 있도록 지도해 주세요. 분수끼리 뺄 수 없을 때에는 자연수에서 1을 가분수로 바꾸어 계산하는데 이때 1을 어떤 가분수로 바꾸어야 하는지 명확히 이해하여 계산할 수 있도록 하고 자연수가 1만큼 작아지는 것도 놓치지 않도록 해 주세요.

01 지워서 차 구하기 64쪽

$1\frac{3}{4} - \frac{1}{4} = 1\frac{2}{4}$

❶ $\frac{1}{4}$ 만큼 X표 해요.
❷ 남은 부분은 전체의 $1\frac{2}{4}$ 예요.
❸ 남은 부분을 분수로 써요.

$1\frac{3}{5} - \frac{2}{5} = 1\frac{1}{5}$

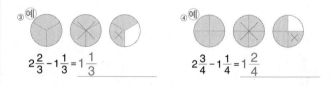

$2\frac{2}{3} - 1\frac{1}{3} = 1\frac{1}{3}$

$2\frac{3}{4} - 1\frac{1}{4} = 1\frac{2}{4}$

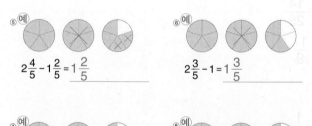

$2\frac{4}{5} - 1\frac{2}{5} = 1\frac{2}{5}$

$2\frac{3}{5} - 1 = 1\frac{3}{5}$

$2\frac{4}{6} - 1\frac{3}{6} = 1\frac{1}{6}$

$2\frac{7}{8} - 2\frac{5}{8} = \frac{2}{8}$

뺄셈의 원리 ● 계산 원리 이해

① $1\frac{1}{3}$

② $1\frac{1}{4}$

③ $\frac{3}{7}$

④ $3\frac{1}{5}$

⑤ 3

⑥ $1\frac{3}{9}$

⑦ $4\frac{4}{11}$

⑧ $2\frac{4}{8}$

⑨ $4\frac{5}{14}$

⑩ $3\frac{1}{12}$

⑪ $2\frac{2}{15}$

⑫ $5\frac{1}{10}$

⑬ $5\frac{6}{18}$

⑭ $2\frac{1}{20}$

⑮ $3\frac{3}{13}$

⑯ 0

⑰ $2\frac{12}{17}$

⑱ $5\frac{9}{16}$

⑲ $6\frac{10}{14}$

⑳ $7\frac{6}{15}$

㉑ $3\frac{2}{13}$

㉒ $4\frac{1}{16}$

㉓ $1\frac{14}{25}$

㉔ $1\frac{9}{21}$

㉕ $\frac{1}{19}$

㉖ $7\frac{7}{24}$

㉗ 0

㉘ $3\frac{7}{28}$

㉙ $2\frac{1}{2}$

㉚ $1\frac{1}{3}$

㉛ $1\frac{4}{11}$

㉜ $6\frac{5}{6}$

㉝ $2\frac{11}{12}$

㉞ $\frac{6}{7}$

㉟ $1\frac{5}{18}$

㊱ $2\frac{15}{17}$

뺄셈의 원리 ● 계산 방법 이해

① $5, 1\frac{3}{4}$

② $7, 1\frac{3}{5}$

③ $7, 3\frac{2}{6}$

④ $11, 2\frac{5}{8}$

⑤ $10, \frac{4}{7}$

⑥ $10, 1\frac{6}{9}$

⑦ $12, \frac{7}{8}$

⑧ $10, 2\frac{3}{8}$

⑨ $7, \frac{4}{6}$

⑩ $12, 1\frac{8}{9}$

⑪ $14, 1\frac{8}{9}$

⑫ $11, \frac{6}{8}$

⑬ $5, 1\frac{3}{5}$

⑭ $8, 1\frac{4}{8}$

⑮ $7, \frac{4}{7}$

⑯ $7, 1\frac{1}{7}$

⑰ $11, \frac{8}{11}$

⑱ $6, 1\frac{5}{6}$

⑲ $12, \frac{7}{12}$

⑳ $8, 2\frac{5}{8}$

㉑ $9, \frac{8}{9}$

㉒ $5, 3\frac{1}{5}$

㉓ $6, \frac{1}{6}$

㉔ $11, 4\frac{2}{11}$

뺄셈의 원리 ● 계산 방법 이해

04 내림이 있는 분수의 뺄셈(2) 69~70쪽

① $2\frac{1}{4}$　　② $1\frac{2}{3}$

③ $1\frac{1}{2}$　　④ $\frac{6}{7}$

⑤ $2\frac{1}{5}$　　⑥ $\frac{2}{7}$

⑦ $2\frac{3}{8}$　　⑧ $2\frac{8}{9}$

⑨ $2\frac{3}{10}$　　⑩ $2\frac{5}{11}$

⑪ $2\frac{6}{15}$　　⑫ $5\frac{11}{12}$

⑬ $\frac{13}{17}$　　⑭ $\frac{8}{13}$

⑮ $3\frac{2}{14}$　　⑯ $1\frac{7}{15}$

⑰ $3\frac{2}{19}$　　⑱ $3\frac{13}{25}$

⑲ $2\frac{2}{4}$　　⑳ $5\frac{2}{6}$

㉑ $3\frac{3}{8}$　　㉒ $\frac{9}{12}$

㉓ $1\frac{14}{15}$　　㉔ $7\frac{13}{14}$

㉕ $2\frac{10}{11}$　　㉖ $4\frac{12}{16}$

㉗ $2\frac{18}{19}$　　㉘ $1\frac{8}{13}$

㉙ $4\frac{19}{22}$　　㉚ $\frac{21}{23}$

㉛ $2\frac{16}{24}$　　㉜ $2\frac{16}{17}$

㉝ $2\frac{13}{18}$　　㉞ $2\frac{19}{25}$

㉟ $\frac{9}{26}$　　㊱ $2\frac{18}{28}$

뺄셈의 원리 ● 계산 방법 이해

05 정해진 수 빼기 71~72쪽

① $1\frac{1}{5}$, 1, $\frac{4}{5}$, $\frac{3}{5}$

② $1\frac{2}{6}$, $1\frac{1}{6}$, 1, $\frac{5}{6}$

③ 1, $\frac{4}{5}$, $\frac{3}{5}$, $\frac{2}{5}$

④ 2, $1\frac{3}{4}$, $1\frac{2}{4}$, $1\frac{1}{4}$

⑤ $2\frac{1}{7}$, 2, $1\frac{6}{7}$, $1\frac{5}{7}$

⑥ $\frac{4}{5}$, 1, $1\frac{1}{5}$, $1\frac{2}{5}$

⑦ $2\frac{7}{9}$, $2\frac{8}{9}$, 3, $3\frac{1}{9}$

⑧ $\frac{2}{4}$, $\frac{3}{4}$, 1, $1\frac{1}{4}$

⑨ $\frac{2}{6}$, $\frac{3}{6}$, $\frac{4}{6}$, $\frac{5}{6}$

⑩ $1\frac{1}{7}$, $1\frac{2}{7}$, $1\frac{3}{7}$, $1\frac{4}{7}$

뺄셈의 원리 ● 계산 원리 이해

06 여러 가지 분수 빼기 73~74쪽

① 2, $1\frac{2}{3}$, $1\frac{1}{3}$　　② $2\frac{2}{5}$, $2\frac{1}{5}$, 2

③ $1\frac{3}{4}$, $1\frac{2}{4}$, $1\frac{1}{4}$　　④ $\frac{8}{9}$, $\frac{6}{9}$, $\frac{4}{9}$

⑤ $\frac{10}{11}$, $\frac{8}{11}$, $\frac{6}{11}$　　⑥ $\frac{8}{9}$, $\frac{7}{9}$, $\frac{6}{9}$

⑦ $1\frac{1}{4}$, $1\frac{2}{4}$, $1\frac{3}{4}$　　⑧ $1\frac{4}{6}$, $1\frac{5}{6}$, 2

⑨ $\frac{6}{9}$, $\frac{8}{9}$, $1\frac{1}{9}$　　⑩ $\frac{2}{3}$, $1\frac{1}{3}$, 2

⑪ $\frac{6}{8}$, $1\frac{1}{8}$, $1\frac{4}{8}$　　⑫ $1\frac{1}{10}$, $1\frac{3}{10}$, $1\frac{5}{10}$

뺄셈의 원리 ● 계산 원리 이해

07 계산하지 않고 크기 비교하기　75쪽

① >　　　　② <
③ >　　　　④ <
⑤ >　　　　⑥ <
⑦ <　　　　⑧ <
⑨ >　　　　⑩ >
⑪ >　　　　⑫ <
⑬ <　　　　⑭ >

뺄셈의 원리 ● 계산 원리 이해

08 셋 이상의 분수의 덧셈과 뺄셈　76~77쪽

① $1\frac{3}{4}$　　　　② $1\frac{4}{5}$

③ 1　　　　④ 2

⑤ 1　　　　⑥ 1

⑦ $\frac{1}{5}$　　　　⑧ $1\frac{2}{6}$

⑨ $2\frac{1}{7}$　　　　⑩ $1\frac{2}{8}$

⑪ 1　　　　⑫ 2

⑬ $2\frac{3}{9}$　　　　⑭ 3

⑮ $5\frac{1}{7}$　　　　⑯ $3\frac{7}{8}$

⑰ $2\frac{10}{12}$　　　　⑱ 0

⑲ $1\frac{7}{10}$　　　　⑳ $1\frac{4}{7}$

㉑ $2\frac{3}{4}$　　　　㉒ $1\frac{7}{9}$

㉓ $\frac{6}{7}$　　　　㉔ $2\frac{5}{6}$

뺄셈의 원리 ● 계산 방법 이해

09 검산하기　78~79쪽

① $\frac{3}{5}$ / $\frac{3}{5}$, $2\frac{1}{5}$　　② $1\frac{2}{6}$ / $1\frac{2}{6}$, $3\frac{1}{6}$

③ $1\frac{2}{8}$ / $1\frac{2}{8}$, $3\frac{2}{8}$　　④ $1\frac{4}{7}$ / $1\frac{4}{7}$, $4\frac{2}{7}$

⑤ $2\frac{9}{13}$ / $2\frac{9}{13}$, $6\frac{4}{13}$　　⑥ 1 / 1, $4\frac{9}{11}$

⑦ $2\frac{2}{3}$ / $2\frac{2}{3}$, 4　　⑧ $1\frac{5}{12}$ / $1\frac{5}{12}$, 8

⑨ $4\frac{5}{9}$ / $4\frac{5}{9}$, $8\frac{4}{9}$　　⑩ $1\frac{6}{15}$ / $1\frac{6}{15}$, $3\frac{5}{15}$

⑪ $1\frac{6}{10}$ / $1\frac{6}{10}$, $5\frac{3}{10}$　　⑫ $1\frac{15}{17}$ / $1\frac{15}{17}$, $4\frac{6}{17}$

⑬ $\frac{19}{21}$ / $\frac{19}{21}$, $5\frac{4}{21}$　　⑭ $5\frac{7}{14}$ / $5\frac{7}{14}$, $9\frac{2}{14}$

⑮ $1\frac{7}{25}$ / $1\frac{7}{25}$, 7　　⑯ $3\frac{1}{19}$ / $3\frac{1}{19}$, 10

뺄셈의 성질 ● 덧셈과 뺄셈의 관계

검산

계산 결과가 옳은지 그른지를 검사하는 계산으로 계산 실수를 줄일 수 있는 가장 좋은 방법입니다. 또한, 검산은 앞서 계산한 것과 다른 방법을 사용해야 하기 때문에 문제 푸는 방법을 다양한 방법으로 생각해 보게 하는 효과도 얻을 수 있습니다.

10 내가 만드는 알파벳 뺄셈 80쪽

① 예 $1\frac{2}{9}-\frac{3}{9}=\frac{8}{9}$ / $1\frac{4}{9}-\frac{4}{9}=1$ /

$\frac{7}{9}-\frac{4}{9}=\frac{3}{9}$ / $5-1\frac{1}{9}=3\frac{8}{9}$ /

$4-\frac{5}{9}=3\frac{4}{9}$ / $3-\frac{2}{9}=2\frac{7}{9}$

② 예 $3\frac{3}{11}-\frac{3}{11}=3$ / $3\frac{5}{11}-\frac{4}{11}=3\frac{1}{11}$ /

$\frac{5}{11}-\frac{2}{11}=\frac{3}{11}$ / $4-3\frac{4}{11}=\frac{7}{11}$ /

$7-\frac{7}{11}=6\frac{4}{11}$ / $5-\frac{2}{11}=4\frac{9}{11}$

뺄셈의 활용 ● 뺄셈의 추상화

수의 추상화
초등 학습과 중등 학습의 가장 큰 차이는 '추상화'입니다. 초등에서는 개념 설명을 할 때 어떤 수로 예를 들어 설명하지만 중등에서는 $a+b=c$와 같이 문자를 사용합니다. 문자는 수를 대신하는 것일 뿐 그 이상의 어려운 개념은 아닌데도 학생들에게는 초등과 중등의 큰 격차로 느껴지게 되지요. 최상위 연산에서는 '수를 대신하는 문자'를 통해 추상화된 계산식을 미리 접해 봅니다.

11 계산 결과 어림하기 81쪽

① $3\frac{3}{5}-2\frac{1}{5}$, $4\frac{1}{5}-2\frac{2}{5}$에 ○표

② $5\frac{4}{7}-3\frac{2}{7}$, $6\frac{1}{7}-3\frac{3}{7}$에 ○표

③ $7\frac{5}{8}-4\frac{2}{8}$, $5\frac{3}{8}-1\frac{5}{8}$에 ○표

④ $7\frac{7}{10}-3\frac{3}{10}$, $9\frac{2}{10}-4\frac{7}{10}$에 ○표

⑤ $7\frac{3}{12}-1\frac{7}{12}$, $6\frac{1}{12}-\frac{5}{12}$에 ○표

⑥ $10\frac{9}{15}-3\frac{11}{15}$, $9\frac{2}{15}-2\frac{3}{15}$에 ○표

뺄셈의 감각 ● 어림하기

---

5 자릿수가 같은 소수의 덧셈

소수의 자리는 십진법의 원리에 따르므로 자연수의 덧셈 방법으로 접근하여 학습하는 것이 효과적입니다. 단, 자연수의 덧셈은 일의 자리를 기준으로 자리를 맞추어 계산하지만 소수의 덧셈은 소수점을 기준으로 자리를 맞추어 계산해야 하는 것에 주의하여 지도해 주세요. 또한 덧셈을 하고 반드시 소수점을 찍어 답을 쓸 수 있게 해 주세요.

01 단계에 따라 계산하기 84쪽

① 5, 0.5, 0.05
② 17, 1.7, 0.17
③ 28, 2.8, 0.28
④ 145, 14.5, 1.45
⑤ 181, 18.1, 1.81
⑥ 328, 32.8, 3.28

덧셈의 원리 ● 계산 방법 이해

02 세로셈 85~87쪽

① 0.7	② 0.2	③ 0.6
④ 1.3	⑤ 1.3	⑥ 1.2
⑦ 2.5	⑧ 3.9	⑨ 2
⑩ 4	⑪ 9	⑫ 10.3
⑬ 2.1	⑭ 6.1	
⑮ 9.3	⑯ 16.1	
⑰ 15.8	⑱ 17.5	⑲ 26.8
⑳ 23.5	㉑ 22.9	㉒ 41.8
㉓ 29	㉔ 30	㉕ 43
㉖ 22.1	㉗ 49.5	㉘ 23.5
㉙ 34.1	㉚ 66.1	㉛ 50.4
㉜ 1.01	㉝ 1.23	㉞ 1.45
㉟ 35.9	㊱ 59.7	㊲ 78.4
㊳ 49.1	㊴ 27	㊵ 66.3
㊶ 29	㊷ 83.4	㊸ 89
㊹ 71.1	㊺ 8.32	㊻ 13.6
㊼ 0.7	㊽ 1.32	㊾ 1
㊿ 5.65	51 8.66	52 7.6

덧셈의 원리 ● 계산 방법과 자릿값의 이해

① 0.9　② 1　③ 1.4

④ 1.1　⑤ 1.7　⑥ 1.2

⑦ 2.9　⑧ 4.2　⑨ 5.2

　　　⑩ 5　⑪ 10.2

⑫ 15.7　⑬ 19.6　⑭ 28.3

⑮ 27.1　⑯ 51.1　⑰ 31.1

⑱ 0.44　⑲ 0.5　⑳ 1.35

㉑ 0.7　㉒ 1.34　㉓ 1.06

㉔ 6.71　㉕ 8　㉖ 11.24

㉗ 11.71　㉘ 12.81　㉙ 14.83

㉚ 1.12　㉛ 1.83　㉜ 1.68

㉝ 4.5　㉞ 7.21　㉟ 13.6

덧셈의 원리 ● 계산 방법과 자릿값의 이해

① 1.1, 2.1, 3.1, 4.1

② 8.9, 9.9, 10.9, 11.9

③ 5.7, 5.8, 5.9, 6

④ 9.7, 9.8, 9.9, 10

⑤ 30.2, 40.2, 50.2, 60.2

⑥ 40, 50, 60, 70

⑦ 7.09, 8.09, 9.09, 10.09

⑧ 3.99, 4, 4.01, 4.02

⑨ 5, 4, 3, 2

⑩ 11.1, 10.1, 9.1, 8.1

⑪ 64.4, 54.4, 44.4, 34.4

⑫ 2, 1.9, 1.8, 1.7

⑬ 9.01, 8.91, 8.81, 8.71

⑭ 0.91, 0.9, 0.89, 0.88

⑮ 6.75, 6.74, 6.73, 6.72

덧셈의 원리 ● 계산 원리 이해

① <　② <

③ >　④ >

⑤ >　⑥ <

⑦ >　⑧ <

⑨ <　⑩ >

⑪ <　⑫ >

⑬ <　⑭ >

⑮ <　⑯ <

⑰ >　⑱ >

덧셈의 원리 ● 계산 원리 이해

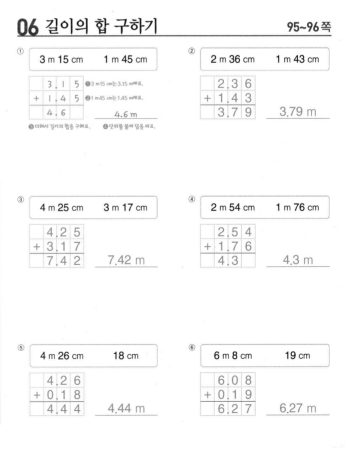

⑦
| 5 m 79 cm | 6 m 42 cm |

	5 . 7	9
+	6 . 4	2
1	2 . 2	1

12.21 m

⑧
| 8 m 29 cm | 5 m 62 cm |

	8 . 2	9
+	5 . 6	2
1	3 . 9	1

13.91 m

⑨
| 4 m 86 cm | 7 m 39 cm |

	4 . 8	6
+	7 . 3	9
1	2 . 2	5

12.25 m

⑩
| 6 m 85 cm | 9 m 47 cm |

	6 . 8	5
+	9 . 4	7
1	6 . 3	2

16.32 m

⑪
| 13 m 70 cm | 22 m 50 cm |

	1 3 . 7
+	2 2 . 5
	3 6 . 2

36.2 m

⑫
| 15 m 40 cm | 28 m 90 cm |

	1 5 . 4
+	2 8 . 9
	4 4 . 3

44.3 m

덧셈의 활용 ● 상황에 맞는 덧셈

07 맨 앞에 들어갈 수 구하기 97쪽

① 0.7, 0.8, 0.5
② 1, 2
③ 1, 2.5, 1.5
④ 1, 1
⑤ 1, 3, 5

덧셈의 감각 ● 수의 조작

08 덧셈식 완성하기 98쪽

① 0.8 / 예 0.3, 0.7 / 0.45, 0.55
② 예 0.3, 1.7 / 0.6, 1.4 / 0.94, 1.06
③ 예 0.48, 2.52 / 0.7, 2.3 / 1.15, 1.85
④ 예 0.1, 3.9 / 0.28, 3.72 / 1.12, 2.88

덧셈의 감각 ● 덧셈의 다양성

09 같은 수를 넣어 식 완성하기 99쪽

① 0.3, 0.3 / 0.6, 0.6 /
   1.4, 1.4 / 1.8, 1.8 /
   2.2, 2.2 / 2.9, 2.9 /
   2.5, 2.5 / 4.5, 4.5
② 0.3, 0.3, 0.3 / 0.4, 0.4, 0.4 /
   0.8, 0.8, 0.8 / 1.1, 1.1, 1.1 /
   1.4, 1.4, 1.4 / 2.3, 2.3, 2.3 /
   2.5, 2.5, 2.5 / 3.2, 3.2, 3.2
③ 0.2, 0.2, 0.2, 0.2 /
   0.6, 0.6, 0.6, 0.6 /
   0.9, 0.9, 0.9, 0.9

덧셈의 감각 ● 수의 조작

6 자릿수가 다른 소수의 덧셈

자릿수가 다른 소수의 덧셈에서 가장 중요한 것은 '소수점을 기준으로 자리를 맞추어 계산한다'는 것입니다. 소수점을 기준으로 자리를 맞추어 쓴 다음 소수점 아래 끝 자리에는 0이 계속 있는 것으로 생각하여 필요한 경우 0을 채워 더할 수 있도록 지도해 주세요. 또한 계산 결과의 소수점 아래 끝 자리가 0이 될 때에는 생략하여 나타낼 수 있도록 합니다.

01 자연수로 나타내 계산하기   102~103쪽

0.01이 ■▲개인 수는 0.■▲예요.

① 0.64 → 0.01이 [64]개
　+ 0.9 → 0.01이 [90]개
　[1.54] ← 0.01이 [154]개

② 0.824 → 0.001이 [824]개
　+ 0.59 → 0.001이 [590]개
　[1.414] ← 0.001이 [1414]개

③ 1.48 → 0.001이 [1480]개
　+ 1.093 → 0.001이 [1093]개
　[2.573] ← 0.001이 [2573]개

④ 1.607 → 0.001이 [1607]개
　+ 1.43 → 0.001이 [1430]개
　[3.037] ← 0.001이 [3037]개

⑤ 12.14 → 0.01이 [1214]개
　+ 4.7 → 0.01이 [470]개
　[16.84] ← 0.01이 [1684]개

⑥ 16.4 → 0.01이 [1640]개
　+ 5.89 → 0.01이 [589]개
　[22.29] ← 0.01이 [2229]개

⑦ 6.29 → 0.01이 [629]개
　+ 14.5 → 0.01이 [1450]개
　[20.79] ← 0.01이 [2079]개

⑧ 21.58 → 0.01이 [2158]개
　+ 7.6 → 0.01이 [760]개
　[29.18] ← 0.01이 [2918]개

⑨ 0.428 → 0.001이 [428]개
　+ 0.5 → 0.001이 [500]개
　[0.928] ← 0.001이 [928]개

⑩ 0.4 → 0.001이 [400]개
　+ 0.365 → 0.001이 [365]개
　[0.765] ← 0.001이 [765]개

⑪ 0.7 → 0.001이 [700]개
　+ 0.839 → 0.001이 [839]개
　[1.539] ← 0.001이 [1539]개

⑫ 0.914 → 0.001이 [914]개
　+ 0.8 → 0.001이 [800]개
　[1.714] ← 0.001이 [1714]개

⑬ 4.5 → 0.001이 [4500]개
　+ 2.617 → 0.001이 [2617]개
　[7.117] ← 0.001이 [7117]개

⑭ 0.271 → 0.001이 [271]개
　+ 4.6 → 0.001이 [4600]개
　[4.871] ← 0.001이 [4871]개

⑮ 1.408 → 0.001이 [1408]개
　+ 3.9 → 0.001이 [3900]개
　[5.308] ← 0.001이 [5308]개

⑯ 5.4 → 0.001이 [5400]개
　+ 3.726 → 0.001이 [3726]개
　[9.126] ← 0.001이 [9126]개

덧셈의 원리 ● 계산 방법 이해

02 세로셈 104~106쪽

① 3.35	② 5.81	③ 9.49
④ 10.46	⑤ 9.07	⑥ 15.91
⑦ 4.29	⑧ 8.22	⑨ 5.02
⑩ 1.44	⑪ 10.24	⑫ 5.15
⑬ 5.35	⑭ 17.25	⑮ 9.63
	⑯ 11.47	⑰ 15.16
⑱ 15.54	⑲ 20.67	⑳ 34.09
㉑ 25.62	㉒ 49.06	㉓ 23.86
㉔ 33.98	㉕ 41.35	㉖ 44.52
㉗ 44.89	㉘ 32.24	㉙ 85.48
㉚ 10.107	㉛ 10.121	㉜ 14.406
㉝ 9.605	㉞ 7.078	㉟ 15.415
㊱ 3.052	㊲ 4.635	㊳ 6.796
㊴ 6.303	㊵ 8.354	㊶ 10.765
㊷ 4.927	㊸ 11.325	㊹ 6.908
㊺ 8.315	㊻ 15.194	㊼ 5.007
㊽ 5.142	㊾ 13.232	㊿ 10.298
(51) 15.967	(52) 13.411	(53) 12.982

덧셈의 원리 ● 계산 방법과 자릿값의 이해

03 가로셈 107~109쪽

① 10.25	② 13.42	③ 13.18
④ 9.19	⑤ 5.16	⑥ 7.23
⑦ 5.34	⑧ 12.28	⑨ 10.85
⑩ 13.03	⑪ 14.74	
⑫ 30.59	⑬ 26.19	⑭ 24.37
⑮ 62.06	⑯ 42.15	⑰ 54.98
⑱ 7.205	⑲ 6.085	⑳ 13.928
㉑ 10.047	㉒ 10.069	㉓ 9.375
㉔ 14.156	㉕ 11.287	㉖ 15.113
㉗ 5.619	㉘ 2.213	㉙ 3.634
㉚ 9.522	㉛ 10.265	㉜ 11.534
㉝ 6.029	㉞ 6.062	㉟ 5.974

덧셈의 원리 ● 계산 방법과 자릿값의 이해

04 정해진 수 더하기 110~111쪽

① 13, 12.55, 12.505
② 15, 14.82, 14.802
③ 19, 18.46, 18.406
④ 20, 19.73, 19.703
⑤ 20, 19.55, 19.505
⑥ 14.05, 14.1, 13.605
⑦ 20, 20.04, 19.644
⑧ 30, 30.03, 29.733
⑨ 19, 19.01, 18.911
⑩ 43, 43.07, 42.377

덧셈의 원리 ● 계산 원리 이해

05 세 소수의 덧셈

112~113쪽

① 7.34 / 7.34, 10.84
② 26.03 / 26.03, 32.53
③ 35.73 / 35.73, 44.63
④ 7.551 / 7.551, 19.251
⑤ 9.012 / 9.012, 19.312
⑥ 14.234 / 14.234, 17.134
⑦ 25.34 / 25.34, 26.92
⑧ 23.24 / 23.24, 27.39
⑨ 54.08 / 54.08, 57.78
⑩ 25.61 / 25.61, 32.76
⑪ 36.08 / 36.08, 36.98
⑫ 35.07 / 35.07, 43.82

덧셈의 원리 ● 계산 방법 이해

06 세 수를 한꺼번에 더하기

114~115쪽

① 16.18	② 3.95	③ 5.99
④ 4.94	⑤ 8.84	⑥ 3.7
⑦ 60.22	⑧ 45.27	⑨ 32.67
⑩ 42.88	⑪ 43.09	⑫ 66.45
⑬ 7.911	⑭ 14.052	⑮ 18.965
⑯ 25.305	⑰ 21.136	⑱ 25.261
⑲ 24.679	⑳ 21.285	㉑ 27.702
㉒ 16.928	㉓ 27.537	㉔ 37.295

덧셈의 원리 ● 계산 방법 이해

07 수를 덧셈식으로 나타내기

116~117쪽

① 0.05, 0.25, 0.4
② 0.07, 0.27, 0.5
③ 0.05, 0.3, 0.1
④ 2, 1.01, 1.4
⑤ 3.03, 3.1, 1.73
⑥ 0.28, 1.2, 4.1
⑦ 1.06, 4.4, 6.5
⑧ 2.3, 1.44, 3.3
⑨ 0.349, 0.309, 0.6
⑩ 1.035, 0.405, 1.23

덧셈의 감각 ● 덧셈의 다양성

7 자릿수가 같은 소수의 뺄셈

소수의 자리는 십진법의 원리에 따르므로 자연수의 뺄셈 방법으로 접근하여 학습하는 것이 효과적입니다. 단, 자연수의 뺄셈은 일의 자리를 기준으로 자리를 맞추어 계산하지만 소수의 뺄셈은 소수점을 기준으로 자리를 맞추어 계산해야 하는 것에 주의하여 지도해 주세요. 또한 뺄셈을 하고 반드시 소수점을 찍어 답을 쓸 수 있게 해 주세요.

01 단계에 따라 계산하기   120쪽

① 3, 0.3, 0.03

② 5, 0.5, 0.05

③ 4, 0.4, 0.04

④ 122, 12.2, 1.22

⑤ 153, 15.3, 1.53

⑥ 223, 22.3, 2.23

뺄셈의 원리 ● 계산 방법 이해

02 세로셈   121~123쪽

① 0.2	② 0.6	③ 0.4
④ 0	⑤ 0.3	⑥ 0.3
⑦ 0.5	⑧ 1	⑨ 0.6
⑩ 0.3	⑪ 0.4	⑫ 0.6
⑬ 1.9	⑭ 0.6	⑮ 2
⑯ 2.6	⑰ 1.6	
⑱ 14.4	⑲ 26.8	⑳ 19.7
㉑ 52.4	㉒ 6.6	㉓ 18.2
㉔ 78.7	㉕ 38.9	㉖ 60.3
㉗ 14.5	㉘ 14.9	㉙ 24.5
㉚ 22.7	㉛ 28.8	㉜ 6.9
㉝ 29.8	㉞ 14.8	㉟ 56.3
㊱ 0.32	㊲ 0.74	㊳ 0
㊴ 0.74	㊵ 0.16	㊶ 0.24
㊷ 0.44	㊸ 0.57	㊹ 0.09
㊺ 0.85	㊻ 2.18	㊼ 1.55
㊽ 5.76	㊾ 3.61	㊿ 6.93
51 1.98	52 1.12	53 0.87

뺄셈의 원리 ● 계산 방법과 자릿값의 이해

03 가로셈   124~126쪽

① 0.2	② 0.4	③ 0.5
④ 0.8	⑤ 0.9	⑥ 1.8
⑦ 1.8	⑧ 1.7	⑨ 4.5
⑩ 3.4	⑪ 2.7	⑫ 1.9
⑬ 13.2	⑭ 30.3	⑮ 44.5
⑯ 39.8	⑰ 15.9	⑱ 33.8
⑲ 17.9	⑳ 28	㉑ 19.6
㉒ 33.9	㉓ 43.8	㉔ 64.5
㉕ 0.46	㉖ 0.03	㉗ 0.36
㉘ 0.39	㉙ 0.5	㉚ 0.27
㉛ 3.16	㉜ 9.19	㉝ 5.39
㉞ 3.64	㉟ 4.96	㊱ 3.87

뺄셈의 원리 ● 계산 방법과 자릿값의 이해

04 여러 가지 수 빼기   127~128쪽

① 6.3, 6.2, 6.1, 6	② 4.2, 4.1, 4, 3.9
③ 5.1, 5, 4.9, 4.8	④ 3.6, 3.4, 3.2, 3
⑤ 4.4, 4.2, 4, 3.8	⑥ 6.2, 5.2, 4.2, 3.2
⑦ 3.9, 4, 4.1, 4.2	⑧ 4.8, 4.9, 5, 5.1
⑨ 7.6, 7.8, 8, 8.2	⑩ 2, 3, 4, 5
⑪ 2.2, 4.2, 6.2, 8.2	⑫ 8, 10, 12, 14

뺄셈의 원리 ● 계산 원리 이해

05 계산하지 않고 크기 비교하기　129쪽

① >　　　② <
③ >　　　④ >
⑤ <　　　⑥ >
⑦ <　　　⑧ >
⑨ >　　　⑩ <
⑪ >　　　⑫ <
⑬ >　　　⑭ <
⑮ >　　　⑯ <
⑰ <　　　⑱ >

뺄셈의 원리 ● 계산 원리 이해

06 길이의 차 구하기　130~131쪽

① | 4 m 15 cm | 1 m 35 cm |

```
  4 . 1 5    ❶ 4 m 15 cm는 4.15 m예요.
− 1 . 3 5    ❷ 1 m 35 cm는 1.35 m예요.
  2 . 8
```
2.8 m

❸ 차를 구할 때는 큰 수에서 작은 수를 빼요.　❹ 단위를 붙여 답을 써요.

② | 3 m 28 cm | 1 m 19 cm |

```
  3 . 2 8
− 1 . 1 9
  2 . 0 9
```
2.09 m

③ | 5 m 27 cm | 3 m 67 cm |

```
  5 . 2 7
− 3 . 6 7
  1 . 6
```
1.6 m

④ | 4 m 81 cm | 2 m 56 cm |

```
  4 . 8 1
− 2 . 5 6
  2 . 2 5
```
2.25 m

⑤ | 6 m 53 cm | 1 m 79 cm |

```
  6 . 5 3
− 1 . 7 9
  4 . 7 4
```
4.74 m

⑥ | 3 m 61 cm | 1 m 18 cm |

```
  3 . 6 1
− 1 . 1 8
  2 . 4 3
```
2.43 m

⑦ | 4 m 87 cm | 28 cm |

```
  4 . 8 7
− 0 . 2 8
  4 . 5 9
```
4.59 m

⑧ | 8 m 3 cm | 77 cm |

```
  8 . 0 3
− 0 . 7 7
  7 . 2 6
```
7.26 m

⑨ | 9 m 24 cm | 6 cm |

```
  9 . 2 4
− 0 . 0 6
  9 . 1 8
```
9.18 m

⑩ | 3 m 21 cm | 8 cm |

```
  3 . 2 1
− 0 . 0 8
  3 . 1 3
```
3.13 m

⑪ | 34 m 30 cm | 15 m 60 cm |

```
  3 4 . 3
− 1 5 . 6
  1 8 . 7
```
18.7 m

⑫ | 46 m 30 cm | 29 m 80 cm |

```
  4 6 . 3
− 2 9 . 8
  1 6 . 5
```
16.5 m

뺄셈의 활용 ● 상황에 맞는 뺄셈

07 연산 기호 넣기　132쪽

① −, +　　　② −, +
③ +, −　　　④ +, −
⑤ −, +　　　⑥ +, −
⑦ +, −　　　⑧ −, +
⑨ +, −　　　⑩ −, +
⑪ +, −　　　⑫ −, +

뺄셈의 감각 ● 수의 조작

08 같은 수를 넣어 식 완성하기

① 0.4, 0.4   ② 0.1, 0.1

③ 0.3, 0.3   ④ 0.6, 0.6

⑤ 0.9, 0.9   ⑥ 1.2, 1.2

⑦ 1.7, 1.7   ⑧ 1.8, 1.8

⑨ 2.3, 2.3   ⑩ 2.6, 2.6

⑪ 0.02, 0.02   ⑫ 0.04, 0.04

⑬ 0.06, 0.06   ⑭ 0.16, 0.16

⑮ 3.01, 3.01   ⑯ 0.53, 0.53

⑰ 2.42, 2.42   ⑱ 0.49, 0.49

뺄셈의 감각 ● 수의 조작

---

8 자릿수가 다른 소수의 뺄셈

소수의 덧셈과 마찬가지로 '소수점을 기준으로 자리를 맞추어 계산한다'는 것에 중점을 두어 지도해 주세요. 소수점 아래 끝 자리에 0을 채워 계산하는 것을 이해하기 어려워하는 경우 2.4는 0.01이 240개인 수와 같이 단위소수를 사용하여 설명하면 이해를 도울 수 있습니다. 계산 결과의 소수점 아래 끝 자리가 0이 될 때에는 생략하여 나타낼 수 있도록 합니다.

01 자연수로 나타내 계산하기

0.01이 ■▲개인 수는 0.■▲예요.

① 0.76 → 0.01이 76 개
　 - 0.3 → 0.01이 30 개
　 0.46 ← 0.01이 46 개

② 0.95 → 0.01이 95 개
　 - 0.6 → 0.01이 60 개
　 0.35 ← 0.01이 35 개

③ 1.78 → 0.01이 178 개
　 - 1.5 → 0.01이 150 개
　 0.28 ← 0.01이 28 개

④ 1.54 → 0.01이 154 개
　 - 1.2 → 0.01이 120 개
　 0.34 ← 0.01이 34 개

⑤ 2.04 → 0.01이 204 개
　 - 0.8 → 0.01이 80 개
　 1.24 ← 0.01이 124 개

⑥ 3.07 → 0.01이 307 개
　 - 0.4 → 0.01이 40 개
　 2.67 ← 0.01이 267 개

⑦ 2.4 → 0.01이 240 개
　 - 1.56 → 0.01이 156 개
　 0.84 ← 0.01이 84 개

⑧ 4.5 → 0.01이 450 개
　 - 1.72 → 0.01이 172 개
　 2.78 ← 0.01이 278 개

⑨ 1.884 → 0.001이 1884 개
　 - 1.7 → 0.001이 1700 개
　 0.184 ← 0.001이 184 개

⑩ 2.653 → 0.001이 2653 개
　 - 1.9 → 0.001이 1900 개
　 0.753 ← 0.001이 753 개

⑪ 1.669 → 0.001이 1669 개
　 - 0.34 → 0.001이 340 개
　 1.329 ← 0.001이 1329 개

⑫ 3.524 → 0.001이 3524 개
　 - 0.41 → 0.001이 410 개
　 3.114 ← 0.001이 3114 개

24 디딤돌 연산 4B

⑬
2.15 → 0.001이 2150 개
− 1.528 → 0.001이 1528 개
0.622 ← 0.001이 622 개

⑭
4.293 → 0.001이 4293 개
− 1.67 → 0.001이 1670 개
2.623 ← 0.001이 2623 개

⑮
3.1 → 0.001이 3100 개
− 2.405 → 0.001이 2405 개
0.695 ← 0.001이 695 개

⑯
5.4 → 0.001이 5400 개
− 3.726 → 0.001이 3726 개
1.674 ← 0.001이 1674 개

뺄셈의 원리 ● 계산 방법 이해

02 세로셈   138~140쪽

① 1.38	② 0.49	③ 4.56
④ 2.07	⑤ 1.54	⑥ 0.59
⑦ 4.28	⑧ 5.75	⑨ 3.07
⑩ 2.24	⑪ 3.85	⑫ 0.68
⑬ 1.54	⑭ 7.78	⑮ 21.64
⑯ 36.47	⑰ 41.55	⑱ 44.19
⑲ 1.906	⑳ 0.527	㉑ 1.952
㉒ 3.924	㉓ 0.148	㉔ 3.153
㉕ 7.7	㉖ 9.9	㉗ 41.4
㉘ 27.6	㉙ 17.6	㉚ 69.1
㉛ 6.21	㉜ 1.67	㉝ 89.54
㉞ 4.867	㉟ 1.621	㊱ 4.534
㊲ 1.139	㊳ 0.313	㊴ 5.517
㊵ 2.673	㊶ 3.554	㊷ 2.903
㊸ 3.974	㊹ 2.858	㊺ 2.389
㊻ 0.309	㊼ 3.225	㊽ 5.112
㊾ 1.512	㊿ 1.461	⑤1 5.075
⑤2 4.856	⑤3 27.06	⑤4 15.23

뺄셈의 원리 ● 계산 방법과 자릿값의 이해

03 가로셈   141~143쪽

① 1.67	② 1.02	③ 1.68
④ 2.45	⑤ 0.18	⑥ 0.56
⑦ 7.29	⑧ 29.55	⑨ 16.86
⑩ 45.47	⑪ 52.54	⑫ 38.18
⑬ 2.881	⑭ 3.253	⑮ 3.765
⑯ 1.444	⑰ 1.758	⑱ 3.442
⑲ 7.213	⑳ 2.455	㉑ 3.498
㉒ 3.034	㉓ 3.281	㉔ 2.198
㉕ 4.048	㉖ 1.216	㉗ 4.784
㉘ 0.312	㉙ 2.528	㉚ 2.476
㉛ 3.38	㉜ 4.651	㉝ 3.901
㉞ 7.8	㉟ 6.3	㊱ 14.48

뺄셈의 원리 ● 계산 방법과 자릿값의 이해

04 여러 가지 수 빼기   144~145쪽

① 0.27, 3.33, 3.636	② 1.55, 4.25, 4.52
③ 1.05, 4.65, 5.01	④ 4.26, 10.11, 10.695
⑤ 8.06, 13.28, 13.802	⑥ 10.7, 16.91, 17.531
⑦ 9.9, 20.16, 21.186	⑧ 11.6, 22.67, 23.777
⑨ 2.7, 4.77, 4.977	⑩ 4.3, 7.63, 7.963
⑪ 7.2, 14.4, 15.12	⑫ 13.4, 17.9, 18.35
⑬ 22.3, 33.46, 34.576	⑭ 10.6, 24.28, 25.648
⑮ 5.58, 42.93, 46.665	⑯ 24.44, 34.88, 35.924

뺄셈의 원리 ● 계산 원리 이해

05 차 구하기　　　　146~147쪽

① 17.3

8.43
```
  1 7.3
-   8.4 3
    8.8 7
```
17.3>8.43이므로
17.3에서 8.43을 빼요.

14.36
```
  1 7.3
- 1 4.3 6
    2.9 4
```

71.3
```
  7 1.3
-   1 7.3
    5 4
```

② 15.5

6.74
```
  1 5.5
-   6.7 4
    8.7 6
```

8
```
  1 5.5
-   8
    7.5
```

47.33
```
  4 7.3 3
- 1 5.5
  3 1.8 3
```

③ 8.4

25.05
```
  2 5.0 5
-   8.4
  1 6.6 5
```

9.207
```
  9.2 0 7
- 8.4
  0.8 0 7
```

0.69
```
  8.4
- 0.6 9
  7.7 1
```

④ 47

23.9
```
  4 7
- 2 3.9
  2 3.1
```

76.4
```
  7 6.4
- 4 7
  2 9.4
```

6.63
```
  4 7
-   6.6 3
  4 0.3 7
```

⑤ 13.4

8.53
```
  1 3.4
-   8.5 3
    4.8 7
```

18.29
```
  1 8.2 9
- 1 3.4
    4.8 9
```

40.1
```
  4 0.1
- 1 3.4
  2 6.7
```

⑥ 9.5

8.311
```
  9.5
- 8.3 1 1
  1.1 8 9
```

21.04
```
  2 1.0 4
-   9.5
  1 1.5 4
```

1.86
```
  9.5
- 1.8 6
  7.6 4
```

⑦ 15

37.8
```
  3 7.8
- 1 5
  2 2.8
```

13.14
```
  1 5
- 1 3.1 4
    1.8 6
```

0.99
```
  1 5
-   0.9 9
  1 4.0 1
```

⑧ 22.6

84
```
  8 4
- 2 2.6
  6 1.4
```

16.2
```
  2 2.6
- 1 6.2
    6.4
```

2.83
```
  2 2.6
-   2.8 3
  1 9.7 7
```

뺄셈의 원리 ● 차이

06 계산하지 않고 크기 비교하기　　　148쪽

① 2, 3, 1
② 2, 1, 3
③ 2, 3, 1
④ 1, 3, 2
⑤ 3, 2, 1
⑥ 3, 2, 1

뺄셈의 원리 ● 계산 원리 이해

07 편리한 방법으로 계산하기　　　149~150쪽

① 2.37　　　② 4.45
③ 3.68　　　④ 5.29
⑤ 2.75　　　⑥ 4.06
⑦ 3.52　　　⑧ 5.26
⑨ 5.823　　⑩ 2.562
⑪ 9.02　　　⑫ 11.04
⑬ 0.21　　　⑭ 2.43
⑮ 0.593　　⑯ 2.305
⑰ 1.95　　　⑱ 2.65
⑲ 13.32　　⑳ 17.54

뺄셈의 원리 ● 계산 방법 이해

①
4 m 27 cm	2 m 50 cm

```
    4 . 2  7    ❶ 4 m 27 cm는 4.27 m예요.
 -  2 . 5      ❷ 2 m 50 cm는 2.5 m예요.
    1 . 7  7   1.77 m
```
❸ 차를 구할 때는 큰 수에서 작은 수를 빼요. ❹ 단위를 붙여 답을 써요.

②
6 m 28 cm	3 m 50 cm

```
    6 . 2  8
 -  3 . 5
    2 . 7  8    2.78 m
```

③
3 m 40 cm	85 cm

```
    3 . 4
 -  0 . 8  5
    2 . 5  5    2.55 m
```

④
2 m 60 cm	97 cm

```
    2 . 6
 -  0 . 9  7
    1 . 6  3    1.63 m
```

⑤
5 m	3 m 99 cm

```
    5
 -  3 . 9  9
    1 . 0  1    1.01 m
```

⑥
8 m	4 m 52 cm

```
    8
 -  4 . 5  2
    3 . 4  8    3.48 m
```

⑦
80 cm	66 cm

```
    0 . 8
 -  0 . 6  6
    0 . 1  4    0.14 m
```

⑧
90 cm	37 cm

```
    0 . 9
 -  0 . 3  7
    0 . 5  3    0.53 m
```

⑨
7 m 80 cm	16 m

```
    1  6
 -     7 . 8
       8 . 2    8.2 m
```

⑩
4 m 26 cm	10 m

```
    1  0
 -     4 . 2  6
       5 . 7  4    5.74 m
```

⑪
1 m 58 cm	22 m 40 cm

```
    2  2 . 4
 -     1 . 5  8
    2  0 . 8  2    20.82 m
```

⑫
15 m 42 cm	28 m 90 cm

```
    2  8 . 9
 -  1  5 . 4  2
    1  3 . 4  8    13.48 m
```

뺄셈의 활용 ● 상황에 맞는 뺄셈

① 5.78 /
5.78, 1.5, 4.28

② 6.65 /
6.65, 5.9, 0.75

③ 5.88 /
5.88, 4.2, 1.68

④ 9.07 /
9.07, 8.1, 0.97

⑤ 3.624 /
3.624, 2.7, 0.924

⑥ 8.416 /
8.416, 7.9, 0.516

⑦ 4.325 /
4.325, 0.7, 3.625

⑧ 5.082 /
5.082, 3.4, 1.682

⑨ 41.06 /
41.06, 23.1, 17.96

⑩ 37.17 /
37.17, 15.5, 21.67

⑪ 4.5 /
4.5, 0.78, 3.72

⑫ 7.4 /
7.4, 6.89, 0.51

⑬ 5.2 /
5.2, 0.069, 5.131

⑭ 2.8 /
2.8, 2.743, 0.057

⑮ 16.4 /
16.4, 2.48, 13.92

⑯ 18.2 /
18.2, 15.68, 2.52

⑰ 46.2 /
46.2, 7, 39.2

⑱ 24.7 /
24.7, 8, 16.7

⑲ 10 /
10, 3.98, 6.02

⑳ 8 /
8, 3.159, 4.841

뺄셈의 성질 ● 덧셈과 뺄셈의 관계

10 모르는 수 구하기

① 0.4　　② 2.2

③ 1.1　　④ 1.8

⑤ 1.3　　⑥ 1.2

⑦ 2.91　　⑧ 2.74

⑨ 1.57　　⑩ 0.37

⑪ 2.94　　⑫ 1.76

⑬ 1.2　　⑭ 1.95

⑮ 1.4　　⑯ 2.6

⑰ 0.21　　⑱ 0.96

⑲ 0.4　　⑳ 1.8

㉑ 1.32　　㉒ 1.57

㉓ 0.256　　㉔ 0.865

뺄셈의 원리 ● 계산 방법 이해

11 등식 완성하기

① 0.2　　② 0.3

③ 0.4　　④ 0.02

⑤ 0.03　　⑥ 0.04

⑦ 0.04　　⑧ 0.07

⑨ 0.05　　⑩ 0.11

⑪ 0.12　　⑫ 0.22

뺄셈의 성질 ● 등식

고등 입학 전 완성하는 독해 과정 전반의 심화 학습!
디딤돌 생각독해 Ⅰ~Ⅴ

· 생각의 확장과 통합을 위한 '빅 아이디어(대주제)' 선정 및 수록
· 대주제 별 다양한 영역의 생각 읽기 및 생각의 구조화 학습

수능국어 실전대비 독해 학습의 완성!
디딤돌 수능독해 Ⅰ~Ⅲ

· 글쓴이의 작문 과정을 추론하며 생각을 읽어내는 구조 학습
· 출제자의 의도를 파악하고 예측하는 기출 속 이슈 및 특별 부록

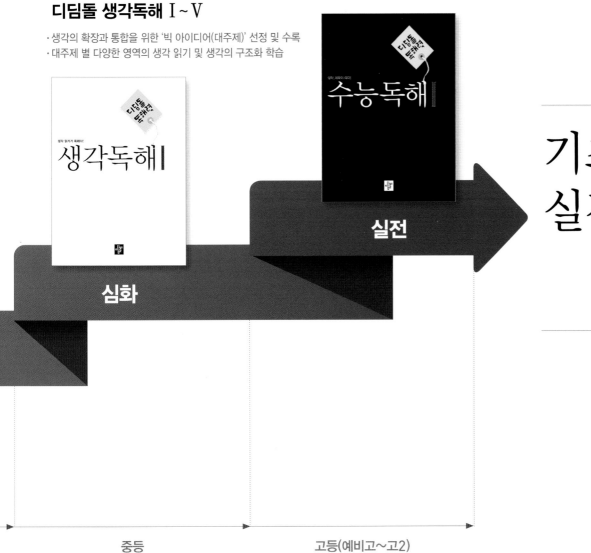

기초부터
실전까지

독해는 디딤돌

심화

실전

중등

고등(예비고~고2)

한걸음 한걸음 디딤돌을 걷다 보면
수학이 완성됩니다.

- **개념 다지기**
  원리, 기본

  초등수학 원리 · 초등수학 기본

- **문제해결력 강화**
  문제유형, 응용

  초등수학 문제유형 · 초등수학 응용

- **심화 완성**
  최상위 수학S, 최상위 수학

  최상위 수학 S · 최상위 수학

- **연산 개념 다지기**
  디딤돌 연산

  디딤돌 연산은 수학이다

- **개념+문제해결력 강화를 동시에**
  기본+유형, 기본+응용

  초등수학 기본+유형 · 초등수학 기본+응용

- **상위권의 힘, 사고력 강화**
  최상위 사고력

  최상위 사고력

개념 이해   **개념 응용**   **개념 확장**

학습 능력과 목표에 따라
맞춤형이 가능한 디딤돌 초등 수학